現数Select No.3

偏微分の考え方

住友 洸 著・森 毅 編

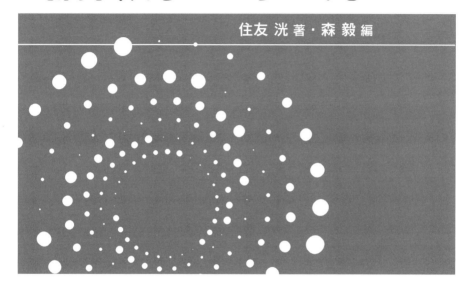

🏛 現代数学社

本書は 1976 年 9 月に小社から出版した
『ポケット数学② 偏微分の考え方』
を判型変更・リメイクし、再出版するものです。

この本を手にとったアナタのために

　大学の数学について，教科書とか参考書とかいったゴツイ本はいくらもあります．しかし，そうした本ではとかく著者の方でもかまえてしまうものですし，総花式にソツなく書くものですから，メリハリがなくなってしまうものです．4月に買っても，試験の頃にはホコリがたまっているだけ，なんてこともよくあります．そのかわり，何年か先にヒョッとすると役に立つかもしれない，とまあ心をなぐさめるわけです．

　このシリーズでは，そのようなツンドク用の反対のむしろ使い捨て用の本を意図しました．必要な時に必要な部分を買って使うためのものです．学校をサボッて，試験前になって授業内容をはじめて聞いたアナタのための本です．単位だけ取って数学なんか忘れてしまったけれど，何かのハズミで気になることができたときのアナタのための本です．

　いかめしい大学教授も，たいていは怠惰な学生のナレノハテです．でも授業ではツイ，学生は全部出席して講義を聞いているという前提で，やってしまうものです．まあ学校というのはそうした所です．授業にはあまり出ず，たとい出ていても講義がよくわからんのでノートに落書きをしていたり，そうした現実の大学生の方を考えると，それを補完することにこのシリーズの役割りもあると思うのです．

森　　毅

はじめに

　本来勉強好きなのに，大学入学後数学の予習，復習に沢山の時間を割くことの出来ない学生のために，2週〜3週程度でよみきれる偏微分法をめざしました．

　微積分学を勉強するとき，一通りの計算力を身につけることが一応の目標となるのは当然のことですが，同時に次の2つの意味での数学の全体を展望する努力を怠ってはなりません．その一つは数学の論理的構造の把握であり，他の一つは科学全体の内での数学の位置づけです．実は微積分のなかで偏微分法は比較的この第2の目標について考えさせられる場なのです．

　本書は在来の書物と比較して一見変りばえがしません．しかし教科書とも見間違う程きまじめな項目と話題の羅列のなかに，数学内部だけの考えに終らないで科学全体と共に歩む気がまえを盛り込み，さらに著者の個人的信念である論理よりも直観を重視する姿勢をつらぬき通してあります．

　本の内容ほこの十年間，阪大と京大の教養部での講義ノートによっています．読者の立場に立ってみると教室で学ぶのとはことなり，教官の身振り，手振りのこもった話は聞けないわけですから，アクセントは読者自身がおぎない，さらにはみずから手づかみでこの本の材料の中から真理をつかみとられるよう希望します．

　本書は10章と2か所の演習問題から成ります．例題は各章ごとに番号がついていますが，定理は番号なしです，その代り，例えば定理（連立型の陰関数の定理）のように固有の名前をつけました．引用の便宜と内容の察知に役立てようとの考えからです．演習問題にはそれほどウェイトがありません．本文を読みきった人は

問題を眺めるだけでよいと思います.

　本書を出版するように配慮をいただきました学生時代以来の恩師森毅先生に心から感謝いたします.

　また現代数学社の皆様にもいるいろとお世話になりました. ここでお礼のことばをのべさせてもらいます.

　　　　1975 年 12 月

　　　　　　　　　　待兼山にて　　　住友 洸

このたびの刊行にあたって

　本書初版は 1976 年 9 月でした. この面白く生き生きとした数学を少しでも多くの方に読んでいただきたいと, 今回新たに組み直しました. このたびの刊行にあたり, 住友洸先生に心より厚く御礼を申し上げます.

　　　　　　　　　　　　　　　　現代数学社編集部

目　次

第 1 章

関数とグラフ

　関数という語は誤解されやすい用語である．以前は函数と書いていたが漢字制限のせいで現在の字が使われたらしい．問題は数の方にあって，実数，有理数，無理数のように数の一種かと思う人が出てきても文句をいえない名である．数の似た使い方に変数，あるいは従属変数などもあるが，英語名を引用すると変数は variable，関数は function とかなりはっきり数と区別された名前を持つことにまず注意してもらいたい．

　1 変数の場合に関数を $y = f(x)$ と表わすが，ここで関数とは y でも $f(x)$ でもなく，強いて言わせてもらえば f が関数である．すなわち実数 x に対し，y（をたは $f(x)$）を対応させる写像である．

関数は写像である．

　さてこのスローガンをはっきりするために，"グラフは関数と同じか？" との質問を設定してそれ答えようという趣好をとった．グラフの一般的な定義もその答の中でのべることにしよう．

　$y = x^2$ を例にとる．そのグラフは図 1 である．グラフの表わす曲線は座標が (x, x^2) の点からなる．つまり，$\boldsymbol{R}$ を実数の全体としたとき，集合 $\{(x, y) \mid x \in \boldsymbol{R}, y = x^2\}$ をグラフという．

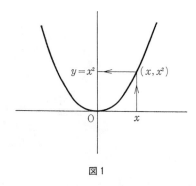

図 1

　さて関数の機能を自動販売機になぞらえて説明しよう．自動販売

機は（コインを入れる操作を度外視すると）コーラのボタンを押す
とコーラが，ジュースのボタンを押すとジュースが出る機械であ
る．このボタンとビンの対応が自動販売機といってよい．これから
連想して関数 $y = x^2$ を x のボタンを押すと x^2 が出る機械と思って
よいわけである．

　上述のグラフもこの機械の機能を持っている．すなわち指で x
軸の点 x から垂直にグラフ上の点 (x, x^2) まで進み，こんどは x 軸
に平行に y 軸まで図のように進むと $y = x^2$ に到達する．

　すなわち関数とグラフとはグラフの計算図表の役割りを通じて
（機械として）同一視出来るのである．

　ここで $y = f(x)$ のグラフを一般的に定義して就こう．

定義　xy 平面上の点 $(x, f(x))$ の全体から成る集合を関数 f の**グ
ラフ**とよぶ．

　関数 f の性質として定義されたいろいろな概念のうち，実は関数
の性質というよりはグラフの性質とした方がよいものが多い．例え
ば微係数はグラフの接線の傾きである．しかし f の性質のうちで幾
何学的にとらえにくいものもある．f の性質を解析的，グラフの性
質を幾何学的と仮に呼ぶと，両者は多少喰いちがいながら，相互補
完して役に立っている．話が多変数の関数になってもこの点は留意
して欲しい．

　多変数関数とは $f(x, y)$ とか $f(x_1, \cdots, x_n)$ などのようにいく
つかの変数の値を指定するとき，実数値が従属して定まる
$((x_1, \cdots, x_n) \xrightarrow{f} z)$ 対応である．多変数関数の基本的な性質をまず
学びとろう．

　2 変数の場合の関数概念とグラフの定義とから話を進めて行きた
い．平面に直交軸を指定したものを xy 平面と呼ぼう．

　$z = f(x, y)$ は x と y の組にたいして z を指定する機能を持つ．x

と y との組は xy 平面上の点を表わすから，このことは xy 平面上の点に対して数直線上の点を指定すること，つまり 2 次元空間から 1 次元空間への写像のことであるともいえる．

つぎに**グラフ**をこの場合にも定義しよう．

定義 3 次元空間に直交座標系を導入しておく．この空間内の点 $(x, y, f(x, y))$ の全体から成る集合を f のグラフという．

例えば 2 変数の関数 $z = \sqrt{x^2 + y^2}$ をとると，この関数のグラフは図のようになる．すなわち xz 平面上の $z = |x|$ のグラフを z 軸のまわに回転して出来る円錐の形をしたグラフである．

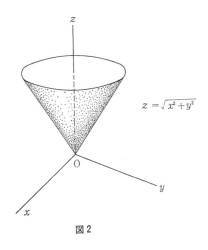

$$z = \sqrt{x^2 + y^2}$$

図 2

多変数の場合もグラフを使う理由は幾何学的，直覚的に諸性質を見抜いて欲しいからである．

さて n 変数の場合について学ぶために，**n 次元空間**の概念を導入し，そこでの大道具として 2 点間の距離，近傍，点列の収束などを述べてみよう．

実数を n 個順序づけて並べた $(x_1, \cdots, x_n)$ の全体の作る集合を $\boldsymbol{R}^n$ で表わそう. つまり **4 次元以上の空間は視覚的には存在しないので概念として導入しようというわけである.** $\boldsymbol{R}^n$ の要素 $(x_1, \cdots, x_n)$ を **点** という. 点は P, Q, $\cdots$, A, B 等ローマ字の大文字で表わす. $\mathrm{P} = (p_1, \cdots, p_n), \mathrm{Q} = (q_1, \cdots, q_n)$ としたとき, 2 点 P, Q 間の **距離** $d(\mathrm{P}, \mathrm{Q})$ を

$$d(\mathrm{P}, \mathrm{Q}) = \sqrt{(p_1 - q_1)^2 + \cdots + (p_n - q_n)^2} = \sqrt{\sum_{i=1}^{n} (p_i - q_i)^2}$$

と定めよう. $d(\mathrm{P}, \mathrm{Q})$ は $\overline{\mathrm{PQ}}$ とも表現することにしよう.

点 P からの距離が ε 以下の点の集合を $U_\varepsilon(\mathrm{P})$ で表わし, 点 P の半径 ε の **近傍** とよぶ. ($n = 2$ のときは半径 ε の円の内部のことである) $\boldsymbol{R}^n$ の点の無限列, $\mathrm{P}_1, \mathrm{P}_2, \cdots, \mathrm{P}_n, \cdots\cdots$ が点 A に **収束** するとは $d(\mathrm{P}_n, \mathrm{A}) \longrightarrow 0$ となることとしよう.

このとき $\lim_{n \to \infty} \mathrm{P}_n = \mathrm{A}$ と表わす.

ε-N 論法によって極限概念をもう一度のべてみよう, $\mathrm{P}_n \longrightarrow \mathrm{A}$ とは A のまわりに (どんなに小さくとも) ある近傍 $U_\varepsilon(\mathrm{A})$ をとったとき, 十分大きな番号 N より先の番号 n の点 P_n はすべて $U_\varepsilon(\mathrm{A})$ に含まれることである. $\varepsilon - N$ 論法は関数と極限の基本であり, そちらの本と見比べて学んで欲しい.

問 点列 $\{\mathrm{P}_n\}$ が点 A に収束するための必要かつ十分な条件は, 点 P_i を $\left(p_{12}, p_{2i}, \cdots, p_{n_i}\right)$ とおいたとき, そして A を $(a_1, \cdots, a_n)$ としたとき,

$\lim_{i \to \infty} p_{1i} = a_1, \cdots\cdots, \lim_{i \to \infty} p_{n_i} = a_n$ が成立することである.

証明は ε-N 論法によるのが本筋だが, ここでは直感的に正しいことがわかってくれることを希望します.

例 1　$z = ax + by + c$ のグラフの概形を求めよ.

解　グラフ上に一点 (x_0, y_0, z_0) をとってその点から見通したい. グラフ上の他の点を (x, y, z) とおくと,

$$z_0 = ax_0 + by_0 + c$$
$$z = ax + by + c$$

が成立し, これらの 2 式より辺に引算をしてみると

$$a(x - x_0) + b(y - y_0) - 1 \cdot (z - z_0) = 0$$

となり, これは 2 点 $(x_0, y_0, z_0), (x, y, z)$ を始点および端点とするベクトル $(x - x_0, y - y_0, z - z_0)$ が (x, y, z) の如何を問わず定方向：$(a, b, -1)$ に直角であることを示している. つまり (x, y, z) の全体は (x_0, y_0, z_0) を通って $(a, b, -1)$ に直交する平面であることがわかる.

　2 変数の関数のグラフはさまざまの形をしており, 一般にはとても曲面などとよべた代物ではないものもある.

例 2　$z = f(x, y) = \begin{cases} 1 & x, y \text{が共に有理数} \\ 0 & \text{それ以外の場合} \end{cases}$　グラフを求めよ.

解　有理数は実数の中で稠密である. すなわちどんな 2 数の間にも有理数が入っている. したがって平面上の点で座標が有理数の点もまた平面上で稠密である. すなわち任意の点のどんな近傍 $U_\varepsilon(\mathrm{P})$ にも座標が有理数の点は無数に存在する.

　したがって, このグラフは一見平面のように見えて沢山の穴のあいている 2 つの集合から成っている. この関数はつぎにのべる連続性がそなわっていない例である.

連続関数とそのグラフ

まず 2 変数の場合からはじめよう．2 変数の関数 $z = f(x,y)$ が平面上の点 (x_0, y_0) において**連続**であるとは (x,y) を f の定義域内の点としたとき，

$$f(x_0, y_0) = \lim_{(x,y) \to (x_0, y_0)} f(x,y) \quad \text{が成立すること}$$

とし，$f(x,y) \longrightarrow f(x_0, y_0)\,((x,y) \longrightarrow (x_0, y_0))$ とも表わそう．矢印は "近づく" 位に読んで下さって結構である．もっと精密な議論をする必要があることから，これらを $\varepsilon - \delta$ 論法というものによって述べておく．まず上の矢印を少していねいと言うと，

点 (x,y) が点 (x_0, x_0) に近づくとは $\sqrt{(x - x_0)^2 + (x - y_0)^2} \longrightarrow 0\left(\sqrt{(x - x_0)^2 + (y - y_0)^2} \neq 0\right)$ のことであり，

$$\sqrt{(x - x_0)^2 + (y - y_0)^2} \longrightarrow 0 \text{ のとき } f(x,y) \longrightarrow \mathrm{A}$$

を，$\displaystyle \lim_{(x,y) \to (x_0, y_0)} f(x,y) = \mathrm{A}$ と表わす．ただし $f(x,y) = \mathrm{A}$ となる点はあっても構わないとする．

この云い方をもっと定式化された $\varepsilon\text{-}\delta$ 論法で言うと

任意の $\varepsilon > 0$ に対し，ある $\delta > 0$ があって定義域の点 P に対し $\delta > d\,(\mathrm{P}, \mathrm{P_0}) > 0$ **なら** $|f(\mathrm{P}) - \mathrm{A}| < \varepsilon$

のとき $\displaystyle \lim_{\mathrm{P} \to \mathrm{P_0}} f(\mathrm{P}) = \mathrm{A}$ と書く．P は (x,y), $\mathrm{P_0}$ は (x_0, y_0) を表わす．

$f(\mathrm{P})$ が $\mathrm{P_0}\,(x_0, y_0)$ で**連続**であるとは上の A の代りに $f(\mathrm{P_0})$ が入っている場合をいうのである．

定義域の各点で連続ならば連続関数という．**連続関数のグラフがつながっているとは限らない．**

例 3　$z = \dfrac{1}{x}, y$ は任意．

　このグラフを y 軸の方向から眺めると双曲線のようにみえる．つまり双曲線が y 軸に沿うて平行移動して作る曲面をグラフとして持ち，当然 2 枚の面から成る．この関数は定義域 $(x \neq 0)$ の各点で連続であるから連続関数である．一般に連続関数であっても定義域が連結でなければグラフは連結でない．

例 4　$z = \begin{cases} \dfrac{xy}{x^2 + y^2} & (x, y) \neq (0, 0) \\ \quad 0 & (x, y) = (0, 0) \end{cases}$ のグラフの概形を求む．

解　平面上の極座標を使って関数を表わすと，$x = r \cos\theta, y = r \sin\theta$ であるから，

$$z = \begin{cases} \dfrac{1}{2}\sin 2\theta, & (r \neq 0) \\ \quad 0, & (r = 0) \end{cases}$$

となる．座標原点から放射状に放出する xy 平面上の半直線（つまり $\theta = $ 一定）の上での関数の値は定数 $\dfrac{1}{2}\sin 2\theta$ である．グラフの概形は図 3 の如く原点をかなめとした扇子状の形をなしている．この関数は連続ではない．何故なら放射線状の直線 $\theta = \theta_0$ に沿っての z の極限（$r \to 0$ のときの）は $\dfrac{1}{2}\sin 2\theta_0$ で θ_0 に依存しているから方向に無関係の極限は存在しないのである．（図 3 は第 1 象限のみ）

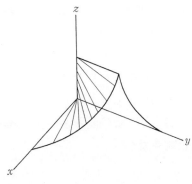

図 3

実は上の例は原点で不連続であるが偏微分可能な関数である.

多変数の連続関数の基本的性質

　連続関数が持っている基本的性質を最大（小）値存在定理に焦点をあわせながら簡単にのべよう.　まず 1 変数のときの定理を思い出そう.

　$[a,b]$ で定義された連続関数は最大（小）値を必ず持つ.

　この定理の証明とされているものはなかなか難しい.　それは実数の基本的性質に帰着させる技巧的な証明法のせいである.　そしてそのような基本的概念を利用するためには連続の定義を lim 型ではなく ε-δ 論法を用いていなければならない.

　定義域 $[a,b]$ は両端をこめた線分であり，**閉区間**とよばれるのだが，この集合の持っている性質のうち，つぎの 2 点に注意しよう.

　ⅰ）**$[a,b]$ は有界である.**

　ⅱ）**$[a,b]$ は閉集合である.　すなわち境界点 a,b が $[a,b]$ の元である.**

　ここで 1 次元空間の**閉集合**を説明しておこう.　ある集合 M があったとき，この集合に必ずしも属さない点 P が**境界点**であるとは点 P のいくらでも近い傍に M の点と M に属さない点が共に存在することである.　すべての境界点を要素として含む集合を**閉集合**という.　1 次元の場合実は上述のものより少し一般化して次の定理が成立つのである.

　有界閉集合で定義された連続関数は最大（小）値を持つ.

　いよいよ多変数の場合に入ろう.　上の 1 変数の証明は多変数の場合と全く同じであるから，その証明も含めて以下で議論する.

　さて xy 平面すなわち 2 次元空間でも有界閉集合の概念を導入しよう.　そのためにすでに導入した距離と近傍とを利用する.

　ⅰ）xy 平面のある部分集合 M が**有界**であるとは十分大きな円の

内に入ることである．ある近傍 $U_\varepsilon(\mathrm{P})$ の内に入るといってもよい．

ⅱ）xy 平面のある部分集合 M の**境界点** P とは P を含むどんな近傍も MP 点と M に属さない点の双方を含むことである．ある集合がその境界点をすべて含むとき，その集合を**閉集合**という．閉集合 M に含まれる点列の極限はまた M に属する．

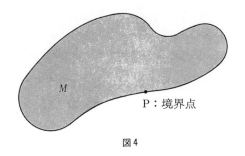

図 4

有界閉集合のことを**コンパクト**な集合ともいう．あらゆる数学の理論のうちでこのコンパクトな集合の性質が基本的な役割りをしている．まずそのうちから，つぎの性質を紹介しょう．

有界閉集合 M 内の無限点列 $\{\mathrm{P}_n\}$ は M の点に収束する部分点列を含む．

有界閉集合 M を含む大きな正方形の集合を考える．各辺を 2 等分して 4 つの正方形を作り，$\{\mathrm{P}_n\}$ に属する点が無限個入っている正方形（ふちは適当に考える）を一つ選ぶ．また 4 等分してその内から $\{\mathrm{P}_n\}$ を無限個含む正方形を一つ選ぶ．このようにして正方形の単調縮小列が定まる．実数の連続性を適用すると正方形列は一点 P に縮小し各正方形には M の点が存在するので P は M に属するかまたは境界点である．M が閉集合であるから P は M に属する．正方形の列から $\{\mathrm{P}_n\}$ の点を 1 個ずつ指定すると P に収束する部分点列が作れる．

さて次の定理の証明の概略をのべよう．

定理（最大値最小値の存在） xy 平面上の有界閉集合 M を定義域とする実数値連続関数は最大値，最小値を持つ.

説明　第 1 ステップは f の値が有界なこと，すなわち 2 数 A, B が存在して

$$A > f(x,y) > B \quad (x,y) \in M$$

をみたすことを示す.

　証明は背理法による．A が存在しないとすると，任意の自然数 n にたいして $n < f(x_n, y_n)$ となる M の点 (x_n, y_n) が存在し $\{(x_n, y_n)\}$ は無限点列を作る．上で学んだ部分無限点列が存在して，M の 1 点たとえば (a,b) に収束する．(a,b) は M の元である．何故なら M が閉集合であるから．この部分点列を $\left(x_{n_i}, y_{n_i}\right)$ とおくと関数の連続性より

$$f(a,b) = \lim_{i \to \infty} f\left(x_{n_i}, y_{n_i}\right) > n_i$$

となって $f(a,b) = \infty$ となり矛盾する．B についても同様.

　第 2 ステップはいよいよ最大（小）値の存在である．そのために上限の概念を思い出そう．（初めて学ぶ人は大学の微積分教科書の最初の部分と比較されたし）実数の部分集合 M に対し $M \ni \forall x \leqq c$ をみたす c，すなわち M のどの元より小さくない実数 c を**上界**といい，上界の最小値を**上限**といいます．M に最大元があるときは最大元イコール上限となりますが，実数の集合のなかには (a,b) のように最大元がないものがあります．しかしこの開区間には上限 b が存在するのです．**下限**も同様に定義されます．そして一般にどんな集合が上限を持つかというと**上に有界なら上限があるのです**．これは教科書によっては公理として，教科書によっては最初の定理としてあるはずです．第 1 ステップの結果 f の値の全体 M は有界集合ですから，上限，下限を有する訳です.

この上限，下限が実は最大値，最小値になることを示して第 2 ステップが終了するのですが，上限，下限を l, m とおいて ⅰ）$\dfrac{1}{l - f(x,y)}$ が連続関数になるか，ⅱ）l が最大値の，いずれかが成立し，前者の場合は矛盾が出るのです．（m も同様）

1 変数の場合も同様に出来ます（実は 1 変数の場合はこの定理の系である）．くわしくは教科書で勉強して下さい．ここでは証明の骨子とそこに出て来る概念の復習を試みたにすぎません．

つぎに例をいくつかあたってみよう．

例 5 $f(x,y) = x^3 + y^3 - 3xy$ は $x^2 + y^2 = 1$ の条件下で，最大値最小値を持つ．

解 まずこの関数は 2 変数の多項式であり，連続な関数である．また $x^2 + y^2 = 1$ をみたす (x,y) の全体は単位円であり，有界閉集合であることは明らかである．（この集合は境界点のみから成る）したがって最大（小）値の存在定理の仮定はすべてみたされている．どこで最大値をとるかはこれから始まる偏微分法の学習目的の一つでここでは触れない．

例 6 $f(x,y) = x + y - 1$ は $x^3 + y^3 - 3xy = 0$ の条件で最大値，最小値を持つか？

実は $x^3 + y^3 - 3xy = 0$ をみたす (x,y) の全体は図 27（p.125）のような形の曲線である．$x^2 + y^2$ は原点からの距離の 2 乗であり有界ではない．f は如何程でも大きな値をとり得る．

以上 2 次元空間で話を進めたが n 次元空間での実数値をとる関数についても連続性が定義され，全く同様な性質が証明される．たとえば $f(x_1, \cdots, x_n)$ が**点** $(a_1, \cdots, a_n)$ で**連続である**とは，任意の $\varepsilon > 0$ に対してある δ について

$\delta > \sqrt{(x_1 - a_1)^2 + \cdots + (x_n - a_n)^2}$, かつ $(x_1, \cdots, x_n)$ が f の定義域内の点のとき，$|f(x_1, \cdots, x_n) - f(a_1, \cdots, a_n)| < \varepsilon$ となることで，**連続関数**とは定義域の各点で連続な関数のこととする.

$\boldsymbol{R}^n$ の有界閉集合も 2 次元のときと同様に定義され，有界閉集合を定義域とする連続関数の最大値，最小値の存在もまったく同様に証明される.

また 2 つの連続関数 f, g に対して

$$f \pm g, \quad kf(k \text{は定数}), \quad f \cdot g, \quad \frac{f}{g}(g \neq 0)$$

はまた連続関数である．しかし 2 変数以上の関数について合成関数の概念は後程，写像の概念と関連して考察したい.

一様連続性

この本では利用しないのであるが，連続関数の多重積分には不可欠である一様連続性について述べておきたい．上述の連続の定義を見ると δ は ε と点 $(a_1, \cdots, a_n)$ に依存する．ここを修正して次のような強い制限を持つ連続関数 f を考える．f の定義域を D として，f が D で**一様連続**とは

$$\forall \varepsilon_0 > 0, \exists \delta > 0; \delta > \sqrt{(x_1 - y_1)^2 + \cdots + (x_n - y_n)^2}$$
$$(x_1, \cdots, x_n) \in D, (y_1, \cdots, y_n) \in D$$
$$\Rightarrow |f(x_1, \cdots, x_n) - f(y_1, \cdots, y_n)| < \varepsilon_0$$

つまり 2 点が定義域内のどこにあろうとも 2 点間の距離が δ より小ならば f の差の絶対値は ε_0 以下であるときとする.

定理　$\boldsymbol{R}^n$ の有界閉集合 M で連続な関数は一様連続である.
f が連続であって一様連続でないとして背理法で証明しよう.

一様連続の定義の否定は，点を P, Q と書くことにすると，

$$\exists \varepsilon_0 > 0 : \forall m \exists \mathrm{P}_m, \mathrm{Q}_m \in M; d\left(f(\mathrm{P}_m, \mathrm{Q}_m) < \frac{1}{m},\right.$$

$$\Rightarrow d\left(f(\mathrm{P}_m), f(\mathrm{Q}_m)\right) \geqq \varepsilon_0$$

となる．前述の部分点列のとり方を使って点列 P_m の部分点列で収束するものをとり $\mathrm{P}_{m_i} \longrightarrow \mathrm{P}_0$ とする．このとき Q_{m_i} もまた収束して同じ P_0 に収束する．ところがこれは $d\left(f\left(\mathrm{P}_{m_i}\right), f\left(\mathrm{Q}_{m_i}\right)\right) \geqq \varepsilon_0$ に反する．

注意　上の記号部分はつぎの様によみとられる．ある ε_0 があって，それにたいしてどんな m をえらんでも $d(\mathrm{P}_m, \mathrm{Q}_m) < \dfrac{1}{m}$ をみたす，少なくとも一組の $\mathrm{P}_m, \mathrm{Q}_m$ が存在して，$d(f(\mathrm{P}_m), f(\mathrm{Q}_m)) \geqq \varepsilon_0$ となる．

第2章

種々の写像

　第1章では1変数の関数から多変数の関数へと話が発展したが，今度は多次元空間に値をとる関数を考えようというのである．

　いま n 次元空間 $\boldsymbol{R}^n$ の点 $(x_1, \cdots, x_n)$，別に m 次元空間 $\boldsymbol{R}^m$ の点を $(y_1, \cdots, y_m)$ とおき，n 次元空間の点に m 次元空間の点を対応させる**写像**が与えられたとしよう．この対応は明らかにつぎのような n 変数関数の組で与えられる．

$$y_1 = f_1\,(x_1, \cdots, x_n)$$
$$y_2 = f_2\,(x_1, \cdots, x_n)$$
$$\vdots$$
$$y_m = f_m\,(x_1, \cdots, x_n)$$

　高等学校以来なじんでいる写像もあるのであらためて例として眺めてみよう．

　例1　極座標を導入したとき，(r, θ) と (x, y) との関係は

$$x = r\cos\theta, \quad y = r\sin\theta$$

とおくことが出来る．たとえば次図のように (r, θ) 平面の長方形は $r = 0$ の示す辺をのぞいて xy 平面の図形に1対1に対応している，ただし θ の変動幅が 2π 以下としてである．

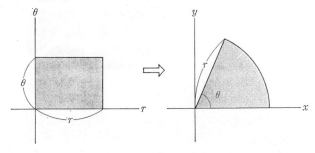

図5

実際この写像は上の条件の下で，逆に

$$r = \sqrt{x^2 + y^2}, \quad \theta = \text{Tan}^{-1}\frac{y}{x}$$

と r, θ を x, y の 1 価関数に表わすことが出来る．

例 2　1 次写像

$$y_1 = a_{11}x_1 + a_{12}x_2 + a_{13}x_3$$
$$y_2 = a_{21}x_1 + a_{22}x_2 + a_{23}x_3$$
$$y_3 = a_{31}x_1 + a_{32}x_2 + a_{33}x_3$$

は 3 次元空間の点を 3 次元空間の点に移す写像で，つぎの特徴を持つ．

ⅰ）原点 $(0,0,0)$ は原点 $(0,0,0)$ に移る．

ⅱ）$x_1 x_2 x_3$ 空間の座標軸上の単位ベクトル $(1,0,0), (0,1,0)(0,0,1)$ は $(a_{11}, a_{21}, a_{31}), (a_{12}, a_{22}, a_{32}), (a_{13}, a_{23}, a_{33})$ に各々うつる．

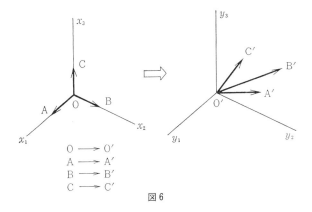

図 6

ⅲ）(x_1, x_2, x_3) が (y_1, y_2, y_3) V (x'_1, x'_2, x'_3) が (y'_1, y'_2, y'_3) にうつるとき，$(x_1 + x_1', x_2 + x_2', x_3 + x_3')$ は $(y_1 + y_1', y_2 + y_2',\ y_3 + y'_3)$ に対応し，(ax_1, ax_2, ax_3) は (ay_1, ay_2, ay_3) に対応する．線型代数

学，あるいは代数学と幾何学の講義では iii) の性質で 1 次写像を定義する．

　例 2 の写像は一般に 1 対 1 の対応ではない．1：1 であるための必要十分条件は係数のつくる行列式が 0 でないことである．

　例 3　例 2 の 1 次写像は一般には合同変換ではないことを知った．係数の行列 $A = (a_{ij})$ に対して ${}^t AA = E$（^{t} は転置行列，E は単位行列）をみたすものを**直交行列**という．

　直交行列を係数とする 1 次写像は 2 点間の距離，2 つの方向の間の角を保存する仕方で写像する．この辺は代数学の教科書で勉強されたい．

> **注意**　例 2 よりもっと一般に n **次元空間から** m **次元空間への 1 次写像**が考えられる，その式は次式であたえられる．

$$y_1 = a_{11}x_1 + \cdots + a_{1n}x_n$$
$$\vdots$$
$$y_m = a_{m1} + \cdots + a_{mn}x_n$$

　1 次写像は微積分で非常に重要な役割りをする．写像が微分可能ということは 1 次写像に接している写像ということである．この話はいずれ先へ行ってから学ぼう．

　n 次元空間から m 次元空間への写像：

$$y_1 = f_1(x_1, \cdots, x_n)$$
$$\vdots$$
$$y_m = f_m(x_1, \cdots, x_n)$$

が**連続写像**であるとは m 個の関数 $f_1, \cdots, f_m$ がすべて連続関数のときとする．$(x_1, \cdots, x_n)$ が微小変動すると，写像の各成分 y_i が微小変動し，像自身も微小変動するので，この名称は妥当であろう．

閉区間を定義域とする R^n 内への連続写像：

$$x_1 = f_1(t), x_2 = f_2(t), \cdots, x_n = f(t), t \in [a, b]$$

を R^n における**曲線**という．この写像の像曲線のことを曲線ということもある．曲線 C において $t_1 \neq t_2$ で，$f_i(t_1) = f_i(t_2)$ であれば異なる t の値に対し 1 点が対応する．つまりこの曲線はこの点を 2 度通る．これを**重複点**という．曲線 C が重複点を持たないとき，これを**単純曲線**または**ジョルダン曲線**という，始点 $f(a)$ と終点 $f(b)$ とが一致してそれ以外に重複点を持たない曲線を**単純閉曲線**またはジョルダン**閉曲線**という．

ここで R^n の領域を定義しよう．

R^n 部分集合 M が境界点を 1 つも含まないとき**開集合**であるという．開集合 M の任意の点 P はもちろん M に属するが，そればかりかある近傍 $U_\varepsilon(\mathrm{P})$ が存在して M の点ばかりから成るのである．

R^n の部分集合 M の 2 点 P, Q を任意にとったとき，2 点を結び M 内の点から成る曲線が存在するとき，M は**連結**であるという．R^n の**連結な開集合**，つまりつながっていてふちの入っていない集合を領域という．

曲線の重複点に関してよく知られた次の例を紹介しよう．

例 5　i ）$x = \sin 2t, y = \sin 3t \quad t \in [0, 2\pi]$

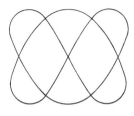

図 7

この曲線の形状は次図のように 7 個の重複点を持ち，周期的である．

ii）$x = \sin pt, y = \sin qt \quad 0 < t < \infty$

p/q が有理数のときと無理数のときとで事情が非常に異なる．p/q が有理数のときは i）のケースと原理的に同じことで重複点を持つ周期運動になることはほぼ自明である．これに反して p/q が無理数のときは重複点は出来ても絶対に周期的にはならない，t が増加するに従い常に新しい道を進むのである．もっと詳しくのべると，正方形：$-1 \leqq x, y \leqq 1$ 内に任意の点 (x, y) をとりこの点を中心とした如何なる近傍を考えてもその内を上の曲線は通過するのである．この曲線のこのような性質をこの正方形内で**稠密**であるという．

例 5 の ii）の p, q 無理数の場合を一歩進めて正方形内のあらゆる点を通る曲線が**ペアノ**によって前世紀に示されている．その説明は省略して集合論の書物にまかせたいが，この場合像集合は正方形そのものであり，曲線の定義として像曲線を採用しなかった理由がここにある．このような病的な例を曲線の仲間からはずしてしまいたいのでいろいろ工夫がされたのだが，この種の曲線は必ず重複点を持つことに目をつけて，重複点を持たない曲線に限定するためジョルダン曲線の概念導入となったわけである．

例 6 平面上の次の集合は領域である．

i）$\{(x, y) \mid x^2 + y^2 \neq 0\}$

ii）$\{x, y \mid 9x_1 + 4x_2 \leqq 720, 4x_1 + 5x_2 \leqq 400, 3x_1 + 10x_2 \leqq 600,$
$\quad x_1 \geqq 0, x_2 \geqq 0\}$
の境界点を除いたもの．

解 集合 i）に属する任意の点 P をとり，P をその近傍が集合 i）の部分集合であるように選ぶことが出来る．この集合は境界点

を含まない.

ⅱ）の場合も同様である.

2 次元平面から 1 つの単純閉曲線 C を除いた残りは 2 つの領域に わかれ，その一方は有界で，C 自身は両方の領域の共通な境界と なっている.（**ジョルダンの曲線定理**）有界な方を内部という.

極射影

写像一般の話と少し毛色が違うが球面と平面の間の対応として非 常に重要な極射影の話をして第 2 章を終りたい.

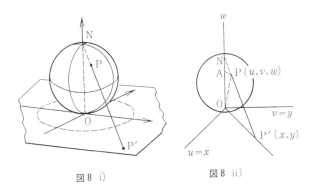

図 8　ⅰ）　　　　図 8　ⅱ）

図のように平面上に静止している球を考えて，平面との接触点を O とする.O を通る球の直径の他端を N とする.

球面上の任意の 1 点 P を N に結んだ直線 NP を延長して平面と の交点を P′ とすると，球面上の点 P を平面上の点 P′ に写像する 変換が得られる.この変換は**立体射影**または**極射影**と呼ばれる.

まず立体射影を表わす式を求めてみよう.平面上の座標系として 0 を通る直交座標軸 x, y を考え空間ではこれらを u, v 軸とし，ON を w 軸と名づける.

球の直径を 1 にとり，(u, v, w) を球面上の点とすると

$$u^2 + v^2 + \left(w - \frac{1}{2}\right)^2 = \left(\frac{1}{2}\right)^2 \text{ すなわち } u^2 + v^2 + w(w-1) = 0$$

が得られる.

いま P(u,v,w) が P$'(x,y)$ に写像されたと考える.

P の ON に下した垂線の足を A, AP, OP$'$ の長さをそれぞれ h, l とする,角 NPO は直角だから

$$\frac{1}{l} = \frac{1-w}{h} = \frac{h}{w}, \quad \frac{x}{u} = \frac{y}{v} = \frac{l}{h}$$

これらの式から

$$x = \frac{u}{1-w}, \quad y = \frac{v}{1-w}, \quad l^2 = \frac{w}{1-w}$$

または

$$u = \frac{x}{1+l^2}, \quad v = \frac{y}{1+l^2}, \quad w = \frac{l^2}{1+l^2}$$

ここで,$l^2 = x^2 + y^2$ であるから,結局

$$u = \frac{x}{1+x^2+y^2}, \quad v = \frac{y}{1+x^2+y^2}, \quad w = \frac{x^2+y^2}{1+x^2+y^2}$$

である.

数学の発展の歴史は地図の制作と非常に密接に関連している.

極射影で地球の平面地図を製作することが出来るが,その方法の長所は微小図形が相似形で地図上にうつることであり,難点は北極の近くが遠い所へ行くことである.この難点を克服するため南極中心の極射影をもう一つ作って併用する方法がある.

微小図形が相似形になることは後述の全微分の概念が必要であり,ここではのべない.

なお極射影は数学専攻を望む学生にとっては複素関数論に関連して基本的な写像である.

第 3 章

偏微分，全微分と
その幾何学的意味

24

2 変数関数 $z = f(x,y)$ の偏微分を学ぶが，連続性を学ぶときと違って $f(x,y)$ の定義域から境界点を除いて考える．一般性を失うことなしに f の定義域は第2章での意味における領域であると仮定してよい．

f の定義域 $D \subset \mathbf{R}^2$ とし，D 内の点 (a,b) において $\lim_{h \to 0} \dfrac{f(a+h,b) - f(a,b)}{h}$ が存在するとき，これを $f_x(\boldsymbol{a,b})$ で表わし，f の点 (a,b) における x についての**偏微分係数**という．同様に $\lim_{h \to 0} \dfrac{f(a,b+k) - f(a,b)}{h}$ が存在するときこれを同様に $f_y(\boldsymbol{a,b})$ で表わし y についての**偏微分係数**という．f_x, f_y が (a,b) において共に存在するとき f は $(\boldsymbol{a,b})$ **で偏微分可能**であるという．定義域の各点で偏微分可能ならば f は**偏微分可能**であるといい，$f_x(x,y), f_y(x,y)$ という新しい関数が定義されたこととなる．f_x, f_y を f の**偏導関数**といい偏導関数を求めることを**偏微分**するという．$z = f(x,y)$ について $f_x(x,y)$ は $\dfrac{\partial z}{\partial x}, z_x, \dfrac{\partial f}{\partial x}(x,y)$ 等で表わされる．

以上が教科書風に述べた偏微分の導入部である．

いかめしい定義ではあるが要するに **x で偏微分するときは y を定数と思って微分せよ**という事である．

例1 i）$x = ax^2 + 2hxy + by^2$ を x,y について偏微分せよ．
ii）$z = \sqrt{x^2 + y^2}$ を x,y について偏微分せよ．

i）定義通りやってもよいが x で微分するとき y は定数と思って
$z_x = 2ax + 2hy$ 同様に $z_y = 2hx + 2by$
ii）$(0,0)$ を除いて $z_x = \dfrac{x}{\sqrt{x^2 + y^2}}, \quad z_y = \dfrac{y}{\sqrt{x^2 + y^2}}$

$$f_x(0,0) = \lim_{h \to 0} \frac{f(h,0) - f(0,0)}{h} = \lim_{h \to 0} \frac{\sqrt{h^2} - 0}{h}$$

最右辺は収束しない．（何故なら $h > 0$ と $h < 0$ とで $\dfrac{\sqrt{h^2}}{h}$ はまたは -1 であるから）したがって $\sqrt{x^2 + y^2}$ は $(0,0)$ で偏微分不可能であ

る．

　つぎに**偏微分係数の幾何学的意味**を調べてみよう．

　イメージをはっきりさせるために $z = f(x, y)$ は多項式か，また
はよく知られているやさしい関数，$x^2 + y^2$ でも $\sin(x + y)$ でもよ
い．いたるところ偏微分が存在して文字通りなめらかな関数とす
る．$z = f(x, y)$ のグラフは日常的な意味での曲面であるとしてよ
い．$z = f(x, y)$ のグラフ上の点 $(a, b, f(a, b))$ を通って xz 平面に平
行な平面を考える．図のようにちょうどカステラの切り口のような
曲線が現われる．これは $z = f(x, b)$ のグラフである．

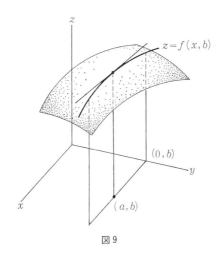

図 9

$z = f(a, b)$ の (a, b) における偏微分可能性のうち f_x の存在はこの切
り口の曲線が $x = a$ で微分可能であり接線をもつことに外ならな
い．同様に $f_y(a, b)$ の存在は yz 平面に平行な平面で (a, b) を通って
カステラを切った切り口の曲線の微分可能性に外ならない．つまり
1 点で偏微分可能ということは x 軸，y 軸に平行な方向にのみ微分
可能なのであって偏微分の定義を与える以外にはあまり役立たない
のである．

例 2　（第1章の例4と同一例）

$$f(x,y) = \begin{cases} \dfrac{xy}{x^2 + y^2} & (x,y) \neq (0,0) \\ 0 & (x,y) = (0,0) \end{cases}$$

について $(0,0)$ での偏微分係数 $f_x(0,0), f_y(0,0)$ の存在を示し値を求めよ.

解 その1　第1話で学んだところのこの関数のグラフの概形をみるとグラフと xy 平面との交線は x 軸, y 軸である. よって偏微分係数は 0.

その2　$\displaystyle\lim_{h \to 0} \frac{f(h,0) - f(0,0)}{h} = \lim_{h \to 0} \frac{0-0}{h} = 0$

よって $f_x(0,0) = 0$. $f_y(0,0) = 0$ も同様である.

　この関数は原点で連続ではないにもかかわらず, 偏微分可能である. 原点におけるこのグラフの状態からみても偏微分可能の条件だけでは微積分の一般論を論ずる対象としては広すぎ, もっと強い条件をみたした関数のあつまりに話を限定しなければならないことがわかる.

高階導関数

　関数 f の偏導関数 f_x が再び偏微分可能ならば f の2階偏導関数が得られ, 同様にして高階偏導関数が定義される.

　$(f_x)_x = f_{xx}$, $(f_x)_y = f_{xy}$ 等と表わすことにする. またこれらは例えば $\dfrac{\partial}{\partial y}\left(\dfrac{\partial f}{\partial x}\right) = \dfrac{\partial^2 f}{\partial y \partial x} = f_{xy}$ とも表わされ, $\dfrac{\partial^2 f}{\partial y \partial x}$ と f_{xy} の2つの記号において x と y との順序がみかけ上逆であり不便なように感じるがこの不安は後で解消する.

　偏導関数の計算練習は常微分の場合と異って単純だが多量の計算をこなすことが目標であり, 数学, 物理等でこれから先で必要な題材に限って熟練が要求される. 初学者にとって意味がわからなくと

も非常に重要な式を計算していることが多いのである.

例 3 ⅰ）$f(x,y) = ax^3 + 3hx^2y + 3kxy^2 + by^3$ について 1 次，2 次偏導関数をすべて求めよ.

ⅱ）$f(x,y) = e^{x^2+y^2}$ について 1 次，2 次の偏導関数をすべて求めよ.

ⅲ）$z = \log\sqrt{x^2+y^2}, z = \mathrm{Tan}^{-1}\dfrac{y}{x}$ について $z_x, z_y, z_{xx} + z_{yy} z$ 求めよ.

ⅳ）$f(x,y) = \begin{cases} xy\,\mathrm{Sin}^{-1}\dfrac{x^2-y^2}{x^2+y^2} & (x,y) \neq (0,0) \\[2mm] 0 & (x,y) = (0,0) \end{cases}$

について $f_x(0,0), f_y(0,0), f_{xy}(0,0), f_{yx}(0,0)$ を求めよ.

解 ⅰ）$f_x = 3ax^2 + 6hxy + 3ky^2, f_y = 3hx^2 + 6kxy + 3by^2, f_{xx} = 6ax + 6hy, f_{xy} = 6hx + 6ky, f_{yx} = 6hx + 6ky, f_{yy} = 6kx + 6by (f_{xy} = f_{yx}$ が成立する)

ⅱ）$f_x = 2xe^{x^2+y^2}, f_y = 2ye^{x^2+y^2}, f_{xx} = (4x^2+2)e^{x^2+y^2}$ $f_{xy} = f_{yx} = 4xye^{x^2+y^2}, f_{yy} = (4y^2+2)e^{x^2+y^2}$

ⅲ）$\log\sqrt{x^2+y^2}$ について $z_x = \dfrac{x}{x^2+y^2}, \quad z_y = \dfrac{y}{x^2+y^2}$ $z_{xx} + z_{yy} = 0, \mathrm{Tan}^{-1}\dfrac{y}{x}$ について $z_x = \dfrac{-y}{x^2+y^2}, z_y = \dfrac{x}{x^2+y^2}$ $z_{xx} + z_{yy} = 0$

ⅳ）$f_x(0,0) = \lim_{h\to 0}\dfrac{f(h,0) - f(0,0)}{h} = \lim_{h\to 0}\dfrac{0-0}{h} = 0$
$f_y(0,0)$ も同様に 0,

一方

$$f_x(0,k) = \lim_{h\to 0}\frac{f(h,k) - f(0,k)}{h} = \lim_{h\to 0}\frac{hk\,\mathrm{Sin}^{-1}\frac{h^2-k^2}{h^2+k^2}}{h}$$
$$= -\frac{\pi}{2}k \quad (k \neq 0)$$
$$f_{xy}(0,0) = \lim_{k\to 0}\frac{f_x(0,k) - f_x(0,0)}{k} = \lim_{k\to 0}\frac{k\,\mathrm{Sin}^{-1}(-1)}{k} = -\frac{\pi}{2}$$

同様に $f_{yx}(0,0) = \dfrac{\pi}{2}$

注 iv) は $f_{xy} \neq f_{yx}$ と な る 例 で あ る. な お iv) の 計 算 中 $\dfrac{d\,\mathrm{Sin}^{-1}\mathrm{x}}{\mathrm{dx}} = \dfrac{1}{\sqrt{1-\mathrm{x}^2}}$ を使っている. 逆三角関数とその微分は教科書によって学ぶこと!!

平均値の定理の周辺

2 変数の場合の平均値の定理というものは実は 1 変数の場合の平均値の定理を焼き直しているだけである. それが次の定理である.

定理（2 変数の場合の平均値定理）

$z = f(x, y)$ が点 (a, b) のある近傍で定義され，しかもそのうちのどの点においても偏微分が存在するとき，その近傍内の点 $(a+h, b+k)$ に関して次式をみたす $\theta(0 < \theta < 1)$ が存在する.

$$f(a+h, b+k) - f(a, b) = hf_x(a+\theta h, b+k) + kf_y(a, b+\theta k)$$

説明 $F(t) = f(a+ht, b+k) + f(a, b+kt)$ $(0 \leqq t \leqq 1)$ とおくと $F(t)$ は意味をもち

$$F(0) = f(a, b+k) + f(a, b)$$

$$F(1) = f(a+h, b+k) + f(a, b+k)$$

よって $F(1) - F(0) = f(a+h, b+k) - f(a, b)$
ところが $F(t)$ の定義式をみると 2 項から成るが，$f(a+ht,\ b+k)$ も $f(a, b+kt)$ も t の関数としてみるとき 1 変数の意味で微分可能である.（すすんだ読者の中には後述の連鎖律を使うのではないかと疑う人も出て来るのだが，ここはそうではなくて偏微分可能がそのまま微分可能にきりかわるのである）

そこで $F(t)$ に対して 1 変数の平均値の定理を使うと，$0 < \theta < 1$

なるある θ が存在して

$$F(1) - F(0) = F'(\theta)$$

となるが $F'(\theta)$ すなわち $F'(t)|_{t=\theta}$ を計算すると

$$F'(\theta) = h f_x(a + \theta h, b + k) + k f_y(a, b + \theta k),$$

　問　$F(t)$ が微分可能であることを上の注意を参考にしてきちんと証明せよ．

　この平均値の定理の直接応用例としてつぎの**リプシッツ条件**に関連する話題をはさんでおこう．

　定理　点 (a,b) の近傍で 2 つの関数 $f_x(x,y)$, $f_y(x,y)$ が共に有界であれば f は点 (a,b) の近くで連続である．とくに $f_x(x,y)$, $f_y(x,y)$ が連続関数であれば，f はその定義域で（内点で）連続である．

　説明　平均値の定理に絶対値をつけてみると，

$$|f(a+h,b+k) - f(a,b)|$$
$$\leqq |h|\,|f_x(a+\theta h, b+k)| + |k|\,|f_y(a, b+\theta k)|$$

$f_x(x,y)$, $f_y(x,y)$ は共にある近傍で有界であるから，

$$|f_x(a+\theta h, b+k)| \leqq K, \quad |f_y(a, b+\theta k)| \leqq K$$

をみたす上界 K がある．よって，

$$|f(a+h,b+k) - f(a,b)| \leqq (|h| + |k|)K$$

この式は f の (a, b) における連続性を示している．(a, b) 以外の点における連続性はその点を含み定理の近傍に含まれるさらに小さい近傍を考えることにより同様になりたつ．

定理の後半．　$f_x(x, y)$，$f_y(x, y)$ の連続性があるとその近傍内の任意の点をとり，その点を含んで境界までこめてすっぽり入る近傍を考えると最大（小）値の存在定理（第 1 章）を使って定理の前半に帰着出来る．

ある関数 $f(x, y)$ の n 次偏導関数がすべて連続であるとき，f は **C^n 級**または **n 回連続的偏微分可能**であるという．上の定理によって C^n 級ならば C^{n-1} 級であり，連続すなわち C^0 級である．（教科書によってはこの故に C^n 級の定義を n 次までの偏導関数の連続性によっている．）

つぎの目標は C^2 級の関数で $f_{xy} = f_{yx}$ を示すことである．そのための準備としては多少蛇足であるが差分に少し触れる．証明のアイデアがそこから来ているからである．

関数 $f(x)$ に対して $f(x + h) - f(x)$ を **1 次差分**といい，$(\Delta_h f)(x)$ で表わす．$(\Delta_k (\Delta_h f))(x) = f(x + k + h) - f(x + k) - f(x + h) + f(x)$ となり，$\Delta_k (\Delta_k f)$ を **2 次差分**という．$\Delta_h (\Delta_h f) = \Delta^2_h f$ と書く．

微分可能な関数について $\dfrac{dy}{dx} = \lim\limits_{h \to 0} \dfrac{\Delta_h f}{h}$ であり，平均値の定理を 2 回使うことによって C^2 級の関数について

$$\frac{d^2 y}{dx^2} = \lim_{h \to 0} \frac{(\Delta_h)^2 f}{h^2}$$

となる．2 次導関数についてのこの計算は省略するが，この事案を 2 変数に焼き直した形の定理としてつぎがあげられ，証明は実質的に同じ考え方によっている．

定理（偏微分の順序交換可能）　2 変数の C^2 級の関数について

$$f_{xy} = f_{yx}$$

が成立つ.

説明　2 変数の関数 $f(x,y)$ をとり，x について h, y について k の差分を $D(h,k)$ とおき，y についての差分を y に Δ' であらわすと，

$$
\begin{aligned}
D(h,k) &= \Delta_h \Delta'_k f(a,b) = \Delta'_k \Delta_h f(a,b) \\
&= f(a+h, b+k) - f(a, b+k) - f(a+h, b) + f(a,b) \\
&= h\left(f_x\left(a+\theta_1 h, b+k\right) - f_x\left(a+\theta_1 h, b\right)\right) \\
&= hk f_{xy}\left(a+\theta_1 h, b+\theta_2 k\right) \quad (0 < \theta_1, \theta_2 < 1)
\end{aligned}
$$

ここで 1 変数平均値定理を 2 回使っている. 全く同様に

$$
= kh f_{yx}\left(a+\theta_4 h, b+\theta_3 k\right) \quad (0 < \theta_3, \theta_4 < 1)
$$

が成立し

$$
\frac{D(h,k)}{hk} = f_{xy}\left(a+\theta_1 h, b+\theta_2 k\right) = f_{yx}\left(a+\theta_4 h, b+\theta_3 k\right)
$$

f の C^2 級すなわち 2 次偏導関数の連続性より $\displaystyle\lim_{(h,k)\to(0,0)} \frac{D(h,k)}{hk}$ が存在して $f_{xy}(a,b) = f_{yx}(a,b)$ となる.

平均値の定理の応用としてつぎの公式を示そう.

公式　i）偏微分可能な $f(x,y)$ が $f_x = f_y = 0$ をある領域でみたせば f は定数である.（局所定数の法則）

ii）C^2 級の関数 $f(x,y)$ が $f_{xy} = 0$ をみたすならば，ある近傍内で $f = g(x) + h(y)$ と C^1 級の 2 つ関数の和となる.

説明　i）$f(a+h, b+k) - f(a,b) = h \cdot 0 + k \cdot 0 = 0$ よって $f(a+h, b+k) = f(a,b)$

ii）$f_x = 0$ がある領域でみたされるなら，$f(a+h, b) - f(a,b) = 0$ より f は (a,b) の小さな近傍で y のみの関数である.

よって ii）の条件 $f_{xy} = (f_x)_y = 0$ より $f_x(x,y) = \varphi(x), f_y(x,y) = \psi(y)$ と表わされる．φ と ψ の連続性より，原始関数 $\Phi'(x) = \varphi(x), \Psi'(x) = \psi(x)$ をとり，$(f(x,y) - \Phi(x))_x = 0$, $(f(x,y) - \Psi(y))_y = 0$ より，$f(x,y) = \Phi(x) + \Psi(y)$ と表わされる．

全微分可能と接平面の存在

まず準備として1変数の関数の微分可能性についていくつかの事項を説明しておこう．

i）微分可能な関数は連続である．

ii）微分可能な関数のグラフは接線を持つ．

iii）接線を持つことと微分可能とは同一の条件ではない．

iv）**ある点 $x = a$ で微分可能であるための必要かつ十分な条件は**

$$f(x) - f(a) = A(x - a) + o(x - a)$$

ここで A はある定数，$o(x-a)$ はある関数 $g(x)$ で $\displaystyle\lim_{x \to a} \frac{g(x)}{x-a} = 0$ となるもの．

説明　i）はiv）の必要条件に吸収される．ii）は明らか．

iii）は $y = x^{\frac{2}{3}}$ を考えればよい．原点で y 軸を接線に持つ．（接線の定義は省略，後述の接平面の定義参照）

iv）の証明．（必要性）$f(x) - f(a) - f'(a)(x-a) = g(x)$ とおくと $\displaystyle\lim_{x \to a \to 0} \frac{g(x)}{x-a} = \lim_{x \to a} \frac{f(x) - f(a)}{x-a} - f'(a) = 0$ （十分性）$\displaystyle\lim_{x \to a} \frac{f(x) - f(a)}{x-a} = \lim_{x \to a} \left\{ A + \frac{o(x-a)}{x-a} \right\} = A$

前節で導入した C^1 級の関数が単なる偏微分可能な関数とは異なり，有用で基本的な関数族（関数のあつまり）をなすことを示すために中間概念として**全微分可能性**を定義する．1変数の微分可能性に対する iv）の形の必要十分条件の真似事から出発しよう．

定義（全微分可能）　$f(x, y)$ が点 (a, b) の近傍で定義されていて，f と (a, b) とから定まるある定数 α, β が存在し

$$f(a+h, b+k) - f(a, b) = \alpha h + \beta k + o\left(\sqrt{h^2 + k^2}\right)$$

と表わされるとき，f は (a, b) において全微分可能であるという．ここで $o\left(\sqrt{h^2 + k^2}\right)$ はある 2 変数関数 $g(h, k)$ で $\displaystyle\lim_{(h,k)\to(0,0)} \frac{g(h, k)}{\sqrt{h^2 + k^2}} = 0$ になるものを表わす．

全微分可能な関数について次が成立する．

ⅰ）(a, b) で全微分可能な関数は (a, b) で連続である．

ⅱ）(a, b) で全微分可能な関数は偏微分可能であり，実は $\alpha = f_x(a, b), \beta = f_y(a, b)$ である．上述の全微分可能の条件式はつぎのように表わされる．

$$f(a+h, b+k) - f(a, b)$$
$$= f_x(a, b)h + f_y(a, b)k + o\left(\sqrt{h^2 + k^2}\right)$$

説明　ⅰ）$\displaystyle\lim_{(h,k)\to(0,0)} f(a+h, b+k)$
$$= f(a, b) + \lim_{(h,k)\to(0,0)}\left(\alpha h + \beta k + o\left(\sqrt{h^2 + k^2}\right)\right)$$
$$= f(a, b) + \lim_{(h,k)\to(0,0)}\left(\frac{o\left(\sqrt{h^2 + k^2}\right)}{\sqrt{h^2 + k^2}}\sqrt{h^2 + k^2}\right) = f(a, b)$$

ⅱ）$f(a+h, b) - f(a, b) = f(a+h, b+0) - f(a, b)$
$$= \alpha h + \beta \cdot 0 + o\left(\sqrt{h^2 + k^2}\right)\Big|_{k=0}$$

したがって，

$$f_x(a, b) = \lim_{h\to 0} \frac{f(a+h, b) - f(a, b)}{h}$$
$$= \alpha + \lim_{h\to 0} \frac{o\left(\sqrt{h^2 + k^2}\right)\Big|_{k=0}}{h} = \alpha$$

同様に $f_y(a, b) = \beta$ である．

全微分可能でない関数の例は例 2 における

$$f(x,y) = \begin{cases} \dfrac{xy}{x^2+y^2}, & (x,y) \neq (0,0) \\ 0, & (x,y) = (0,0) \end{cases}$$

でよい. $f(x,y) - f(0,0) - xf_x(0,0) - yf_y(0,0) = f(x,y)$ であるが, $\displaystyle \lim_{(x,y)\to(0,0)} \frac{f(x,y)}{\sqrt{x^2+y^2}}$ は発散するので, $f(x,y)$ は $o\left(\sqrt{x^2+y^2}\right)$ に属しない.

定理 C^1 級の関数は全微分可能である.

説明 2 変数の場合の平均値の定理:

$$f(a+h, b+k) - f(a,b)$$
$$= hf_x(a+\theta h, b+k) + kf_y(a, b+\theta k)$$

と f_x, f_y の連続性より

$$f_x(a+\theta h, b+k) - f_x(a,b) = \varepsilon_1, \qquad \lim_{(h,k)\to(0,0)} \varepsilon_1 = 0$$

$$f_y(a, b+\theta k) - f_y(a,b) = \varepsilon_2, \qquad \lim_{(h,k)\to(0,0)} = 0$$

が成立することより

$$f(a+h, b+k) - f(a,b)$$
$$= hf_x(a,b) + kf_y(a,b) + h\varepsilon_1 + k\varepsilon_2$$

となるが

$$\lim_{(h,k)\to(0,0)} \frac{h\varepsilon_1 + k\varepsilon_2}{\sqrt{h^2+k^2}} = 0$$

より $h\varepsilon_1 + k\varepsilon_2 = o\left(\sqrt{h^2+k^2}\right)$ と表わされ, 全微分可能の条件をみたす.

さて通例にしたがってここで**全微分**の概念の導入をすることになる. 全微分可能な関数 $z = f(x,y)$ について x が a から $\Delta x, y$ が b か

ら Δy 変化したとき，z の受ける変化 $f(a + \Delta x, b + \Delta y) - f(a,b)$ を Δz とおくと

$$\Delta z = f_x(a,b)\Delta x + f_y(a,b)\Delta y + o\left(\sqrt{(\Delta x)^2 + (\Delta y)^2}\right)$$

と表わされる．最初の 2 項 $f_x(a,b)\Delta x + f_y(a,b)\Delta y$ を df，正確には $df(a,b)$ で表わし，f の点 (a,b) における**全微分**という．この 2 つの項を高次の項と切りはなして別扱いをする理由はなかなか難しい．後述の連鎖律にも関係があるし，関数の同値類の考え方など数学的に深く掘り下げて学ばなければならないところである．$((a,b)$ における全微分のあらゆるものは 2 次元空間を作っている．この 2 次元空間の中に関数 $z = x$ の全微分 dx，関数 $z = y$ の全微分 dy が入っているが，上の全微分の定義をみると

$$dx = \frac{\partial x}{\partial x}\Delta x = 1 \cdot \Delta x \quad dy = 1 \cdot \Delta y$$

となり，

$$\boldsymbol{df = f_x(a,b)dx + f_y(a,b)dy}$$

と表わされる．この式は任意の全微分可能な関数の全微分は座標関数の全微分 dx, dy の 1 次式で表わされ，その 1 次式の係数は点 (x,y) ごとに $f_x(x,y), f_y(x,y)$ であることを示している．dx, dy を全微分の自然基底という．

> **注意**　$dx = \Delta x$ と表わされることから "Δx を dx とかきなおして" 等と書いてある教科書があるがこれは間違いである．Δx は変数であり，dx は $1 \cdot \Delta x$ で表わされる 1 次式である．上の間違いは変数 x と 1 次関係式 $y = x$ とを混同するのと同じ種類のものである．

さてつぎの話題は**全微分可能の幾何学的意味**である．この節の最初に復習したように微分可能な関数のグラフは接線を持つ（逆は成り立たないが）．同様に全微分可能な関数のグラフは接平面を持

つ（逆はやはり成り立たない）ことを示そうというわけである．今 $f(x,y)$ を連続関数とする．

$z = f(x,y)$ のグラフが点 $\mathrm{P}_0(a,b,f(a,b))$ において**接平面を持つ**とは P_0 を通る平面 π があって曲面上の点 $\mathrm{P}(x,y,f(x,y))$ から π へ下した垂線の足を P' とするとき，

$$\lim_{(x,y)\to(0,0)} \frac{\overline{\mathrm{PP}'}}{\overline{\mathrm{PP}_0}} = 0 \text{ となる}$$

ことである．**π を接平面という**．

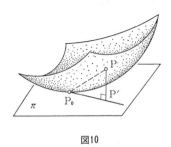

図10

$z = x^{\frac{2}{3}}, y$ は任意，は点 $(0,y)$ において x に関して偏微分不可能であるが，曲面上の点 $(0,y,0)$ において接平面として zy 平面をもつ．しかし逆に全微分可能ならばつぎの定理が成り立つ．

定理（接平面の存在） $z = f(x,y)$ が (a,b) で全微分可能とする．このとき平面 $\pi : z - f(a,b) = f_x(a,b)(x-a) + f_y(a,b)(y-b)$ は $z = f(x,y)$ のグラフ上の点 $\mathrm{P}_0(a,b,f(a,b))$ を通る接平面である．

説明 点 $\mathrm{P}_0(a,b,f(a,b))$ を通る平面 π へグラフ上の点

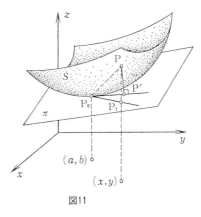

図11

$P(x, y, f(x,y))$ から下した垂線のあしを P'，P から xy 平面へ下した垂線またはその P と反対側への延長が π となす交点を P_1 とする． $x = a + h, y = b + k$ とするとき

$$0 \leq \lim_{P \to P_0} \frac{\overline{PP'}}{\overline{PP_0}} \leq \lim_{P \to P_0} \frac{\overline{PP_1}}{\sqrt{(x-a)^2 + (y-b)^2}}$$
$$\leq \lim_{P \to P_0} \frac{o\left(\sqrt{h^2 + k^2}\right)}{\sqrt{h^2 + k^2}} = 0$$

よりこの平面 π が接平面であることがわかる．

接平面に接点で直交する直線を**法線**という．法線の方程式は

$$\frac{X - a}{f_x(a, b)} = \frac{Y - b}{f_y(a, b)} = \frac{Z - f(a, b)}{-1}$$

である．**ただし解析幾何の規約により分母が 0 のときは分子 = 0 の式をあらわすものとする．**

例 4　$z = x^2 + y^2 + xy$ のグラフ上 $(1, 2, f(1, 2))$ における接平面と法線とを求めよ．

解　$f(1, 2) = 7, f_x = 2x + y, f_x(1, 2) = 4, f_y = 2y + x, f_y(1, 2) = 5$

38

接平面の方程式は，$z - 7 = 4(x - 1) + 5(y - 2)$

整理して，$z = 4x + 5y - 7$

法線の力程式は $\dfrac{x-1}{4} = \dfrac{y-2}{5} = \dfrac{z-7}{-1}$

ここで種々の微分可能性の関係を図示しておこう．

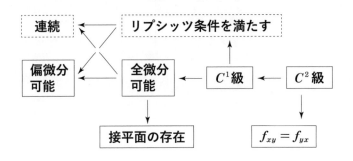

ただし矢印は論理的包含関係を表わす．

$$A \longrightarrow B(A ならば B)$$

最後に実用的な例題を 2 つのべる．

例（全微分と誤差）　3 角形の 2 辺 b, c の長さ，角 A の大きさの測定値に $\Delta b, \Delta c, \Delta A$ の誤差があるとき，辺 a の長さの計算値の誤差 Δa は大体どのくらいになるか．

解　余弦法則によって $a^2 = b^2 + c^2 - 2bc \cos A$，この全微分を計算すると

$$2ada = 2(b - c\cos A)db + 2(c - b\cos A)dc + 2bc\sin AdA$$

$$= 2a\cos Cdb + 2a\cos Bdc + 2ba\sin CdA$$

したがって 2 次以上の項を無規するという前提で

$$\Delta a \fallingdotseq da = \cos Cdb + \cos Bdc + b\sin CdA$$

$$= \cos C\Delta b + \cos B\Delta c + b\sin C\Delta A$$

最後の等号は独立変数に関して d と Δ が同一であることによる.

例5 全長 l，厚さ a，幅 b の等質な棒を図のように両端で水平に支え，中央に荷重 P を加えるとき棒がたわんで h だけさがったとする．この場合のたわみ h は次式であたえられる.

$$h = \frac{1}{4E}\frac{l^3}{a^3 b}P$$

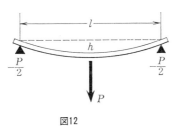

図12

ここで E は**ヤング率**で棒をつくる物質によってきまる定数である．l, a, b, P, h の測定値からヤング率を逆に求めることも出来る．l, a, b, P, h がそれぞれ $k_1, \cdots, k_5$ ％の誤差で測定出来るとして，E の計算値の誤差を求めよ.

解 $\log E = 3\log l - \log 4 - 3\log a - \log b + \log P - \log h$

$$d\log E = \frac{dE}{E} = 3\frac{dl}{l} - 3\frac{da}{a} - \frac{db}{b} + \frac{dP}{P} - \frac{dh}{h}$$

独立変数について d と Δ が等しいことと，ΔE の高次の項を省略すると，

$$\frac{\Delta E}{E} \fallingdotseq \frac{dE}{E} \leqq \frac{1}{100}\left(3k_1 + 3k_2 + k_3 + k_4 + k_5\right)$$

すなわち E の計算値は大体 $[3k_1 + 3k_2 + k_3 + k_4 + k_5]$ ％の誤差がある． 了.

全微分可能性は 1 変数のときの微分可能性にあたるものであるので単に**微分可能**といってもよい.

微分可能な写像

xy 平面から uv 平面への写像 f があたえられているとする. xy 平面の点 P の座標を (x, y), uv 平面の点 Q $= f(\mathrm{P})$ の座標を (u, v) とすると

$$u = f_1(x, y)$$
$$v = f_2(x, y)$$

と 2つの 関数 f_1, f_2 の組で f を表示することが出来る.

f_1, f_2 が 2 変数の実数値関数として全微分可能のとき, f **を微分可能な写像**と呼ぶ. f を以後微分可能とする.

いま xy 平面上の f の定義域すなわち f_1 と f_2 の定義域の共通部分から 1 点 P_0 をとり固定する. $\mathrm{Q}_0 = f(\mathrm{P}_0)$ とおく. P_0 の座標を (a, b) としょう. 任意の点 P に対して uv 平面のベクトル $\overrightarrow{\mathrm{Q}_0\mathrm{Q}}$ の成分を列ベクトル $\begin{pmatrix} f_1(x, y) - f_1(x_0, y_0) \\ f_2(x, y) - f_2(x_0, y_0) \end{pmatrix}$ で表示すると f_1, f_2 の全微分可能性よりこれは次のベクトルに等しい.

$$\begin{pmatrix} f_1(x, y) - f_1(x_0, y_0) \\ f_2(x, y) - f_2(x_0, y_0) \end{pmatrix}$$
$$= \begin{pmatrix} \left(\dfrac{\partial f_1}{\partial x} \right)(x_0, y_0) & \left(\dfrac{\partial f_1}{\partial y} \right)(x_0, y_0) \\ \left(\dfrac{\partial f_2}{\partial x} \right)(x_0, y_0) & \left(\dfrac{\partial f_2}{\partial y} \right)(x_0, y_0) \end{pmatrix} \begin{pmatrix} x - x_0 \\ y - y_0 \end{pmatrix}$$
$$+ \begin{pmatrix} o\left(\sqrt{(x - x_0)^2 + (y - y_0)^2} \right) \\ o\left(\sqrt{(x - x_0)^2 + (y - y_0)^2} \right) \end{pmatrix}$$

高次の項を度外視して主要部をとることにより 1 次写像

$$\begin{pmatrix} \varDelta u \\ \varDelta v \end{pmatrix} = J \begin{pmatrix} \varDelta x \\ \varDelta y \end{pmatrix} \quad \text{または}$$

$$\varDelta u = \frac{\partial f_1}{\partial x} \varDelta x + \frac{\partial f_1}{\partial y} \varDelta y$$

$$\varDelta v = \frac{\partial f_2}{\partial x} \varDelta x + \frac{\partial f_2}{\partial y} \varDelta y$$

を得る．J は 2 行 2 列の行列 $\begin{pmatrix} \dfrac{\partial f_1}{\partial x} & \dfrac{\partial f_1}{\partial y} \\ \dfrac{\partial f_2}{\partial x} & \dfrac{\partial f_2}{\partial y} \end{pmatrix}$ である．この 1 次写像を**接 1 次写像**という．係数の行列 J を**ヤコビアン**という．

定理　xy 平面から uv 平面への写像が微分可能であるための必要十分な条件は一点 P_0 を定めたときのベクトル値写像が $o\left(\sqrt{(x-x_0)^2 + (y-y_0)^2} \right)$ の成分を持つベクトル値写像を度外視すると 1 次写像になることである．つまり接 1 次写像を持つことである．

注　数直線から uv 平面への写像の微分可能性は上の場合の特別の場合と考えられ，$u = u(t), v = v(t)$ の $t = t_0$ における接写像は $du = \dfrac{du}{dt} dt, \quad dv = \dfrac{dv}{dt} dt$ である．

第4章

連鎖律とその周辺

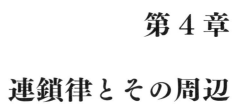

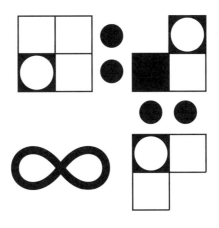

　1変数の微積分では合成関数の微分公式 $\dfrac{dz}{dx} = \dfrac{dz}{dy}\dfrac{dy}{dx}$ があって例えば x^x の微分も計算出来る便利なものであった．この公式にあたるものを偏微分法において求めよう．

　$z = f(x(t), y(t))$ つまり $z = f(x, y)$ と $x = x(t), y = y(t)$ の合成関数とみよう．$z = f(x, y)$ は xy 平面上の2変数関数として（全）微分可能，$x = x(t), y = y(t)$ は第3章末尾の注による閉区間から xy 平面への微分可能な写像とする．

　$z = f(x, y)$ の接1次写像（高次の項を無視したもの）は

$$\frac{\partial f}{\partial x}dx + \frac{\partial f}{\partial y}dy$$

$x = x(t), y = y(t)$ の接1次写像（高次の項を無視したもの）は

$$dx = \frac{dx}{dt}dt, \quad dy = \frac{dy}{dt}dt$$

だから $z = f(x(t), y(t))$ の接1次写像は $dz = \left(\dfrac{\partial f}{\partial x}\dfrac{dx}{dt} + \dfrac{\partial f}{\partial y}\dfrac{dy}{dt}\right)dt$ と一口話で言えるところなのだが，神経質な読者もおられると思うので証明つきで定理にする．

　定理（合成関数の微分）　$z = f(x, y), x = x(t), y = y(t)$ がすべて微分可能のとき，$z = f(x(t), y(t)) \equiv F(t)$ はまた微分可能であり，

$$\frac{dF(t)}{dt} = f_x(x(t), y(t))\frac{dx}{dt} + f_y(x(t), y(t))\frac{dy}{dt}$$

　説明　$x = x(t)$ が微分可能より $\Delta x = x'(t)\Delta t + o(\Delta t)$
同様に　　　　　　　　　　　　　$\Delta y = y'(t)\Delta t + o(\Delta t)$
また $f(x, y)$ も微分可能で $\Delta z = f(x + \Delta x, y + \Delta y) - f(x, y)$
$= f_x(x, y)\Delta x + f_y(x, y)\Delta y + o\left(\sqrt{(\Delta x)^2 + (\Delta y)^2}\right)$

したがって

$$\Delta z = \left(f_x(x,y)\frac{dx}{dt} + f_y(x,y)\frac{dy}{dt} \right) \Delta t$$
$$+ o\left(\sqrt{(\Delta x)^2 + (\Delta y)^2} \right)\Big|_{\substack{x=x(t)\\ y=y(t)\\ \Delta x=x'(t)\Delta t+o(\Delta t)\\ \Delta y=y'(t)\Delta t+o(\Delta t)}} + o(\Delta t)$$

第 3 項は $o(\Delta t)$ である，何故なら

$$\lim_{\Delta t \to 0} \frac{\text{第 3 項}}{\Delta t} = \lim_{\Delta t \to 0} \left(\frac{o\left(\sqrt{(\Delta x)^2+(\Delta y)^2} \right)}{\sqrt{(\Delta x)^2+(\Delta y)^2}} \cdot \sqrt{\left(\frac{\Delta x}{\Delta t}\right)^2 + \left(\frac{\Delta y}{\Delta t}\right)^2} \right) = 0$$

この定理の結果つぎの公式が成立つ.

公式（連鎖律）　$z = f(x,y)$ が C^1 級 $x = \varphi(u,v), y = \psi(u,v)$ が偏微分可能とするとき，　$z = f(\varphi(u,v), \psi(u,v)) = F(u,v)$ は u, v の関数として偏微分可能であり次式が成り立つ.

$$\frac{\partial F}{\partial u} = f_x(\varphi(u,v), \psi(u,v))\frac{\partial \varphi}{\partial u} + f_y(\varphi(u,v), \psi(u,v))\frac{\partial \phi}{\partial u}$$
$$\frac{\partial F}{\partial v} = f_x(\varphi(u,v), \psi(u,v))\frac{\partial \varphi}{\partial v} + f_y(\varphi(u,v), \psi(u,v))\frac{\partial \phi}{\partial u}$$

説明　合成関数の微分の定理から，この公式がただちに従う.
この公式を下のように表わすことも出来る.

$$\frac{\partial z}{\partial u} = \frac{\partial z}{\partial x}\frac{\partial x}{\partial u} + \frac{\partial z}{\partial y}\frac{\partial y}{\partial u}, \quad \frac{\partial y}{\partial v} = \frac{\partial z}{\partial x}\frac{\partial x}{\partial v} + \frac{\partial z}{\partial y}\frac{\partial y}{\partial v}$$

この公式を連鎖律という. chain rule の翻訳語である. 後述の多変数のときはもっと沢山の項があって，あたかも chain のようにつらなっていることから命名されたらしい.

連鎖律がすんだらもういろいろの計算が出来る. 特に高階微分の計算が楽になる. 以下では物理学とも多少関連した例題をいくつか学んでみたい.

例 1 $z = f(x, y)$ を C^2 級とするとき $\xi = x \cos\theta - y \sin\theta$
$\eta = x \sin\theta + y \cos\theta$ と新しい変数 ξ, η を入れてみよう.

このとき $z = g(\xi, \eta)$ と z は ξ, η の C^2 級関数で表わされることを
示し,

$$\left(z_\xi\right)^2 + \left(z_\eta\right)^2 = \left(z_x\right)^2 + \left(z_y\right)^2$$

$$z_{\xi\xi} + z_{\eta\eta} = z_{xx} + z_{yy}$$

を示せ.（**ラプラシアンの直交変換による不変性**）

解 $\xi = x \cos\theta - y \sin\theta, \eta = x \sin\theta + y \cos\theta$ を xy について解いて
みると, $x = \xi \cos\theta + \eta \sin\theta, y = \eta \cos\theta - \xi \sin\theta$

したがって $z = f(\xi \cos\theta + \eta \sin\theta, \eta \cos\theta - \xi \sin\theta) = g(\xi, \eta)$ 連鎖律
により

$$z_\xi = f_x \cos\theta + f_y(-\sin\theta)$$

$$z_\eta = f_x \sin\theta + f_y \cos\theta$$

$$f_x = z_x, f_y = z_y \text{であるから} \left(z_\xi\right)^2 + \left(z_\eta\right)^2 = \left(z_x\right)^2 + \left(z_y\right)^2$$

同様に

$$\begin{aligned}
z_{\xi\xi} &= (f_x \cos\theta + f_y(-\sin\theta))_x \cos\theta \\
&\quad + (f_x \cos\theta + f_y(-\sin\theta))_y (-\sin\theta) \\
&= f_{xx} \cos^2\theta - 2f_{xy} \cos\theta \sin\theta + f_{yy} \sin^2\theta \\
z_{\eta\eta} &= (f_x \sin\theta + f_y \cos\theta)_x \sin\theta + (f_x \sin\theta + f_y \cos\theta)_y \cos\theta \\
&= f_{xx} \sin^2\theta + 2f_{xy} \cos\theta \sin\theta + f_{yy} \cos^2\theta
\end{aligned}$$

したがって

$$z_{\xi\xi} + z_{\eta\eta} = f_{xx} + f_{yy} = z_{xx} + z_{yy}$$

x, y 座標系から ξ, η 座標系にうつる変換は回転によっており,
$f \to f_{xx} + f_{yy}$ なる対応は直交座標のとり方に無関係な作用である

といえる. $f_{xx} + f_{yy} = \Delta f$ と書き, **Δ をラプラス作用素**またはラプ
シアンという.

例 2　$2a \neq 0$ として $a^2 z_{xx} = z_{yy}$（**弦の振動の微分方程式**）をみ
たす C^2 級の関数 $z = z(x, y)$ を求めよ.

解　$\xi = x + ay, \eta = x - ay$ とおくと
連立 1 次方程式の解法により

$$x = \frac{\xi + \eta}{2}, \quad y = \frac{1}{2a}(\xi - \eta)$$

となる. $z\left(\dfrac{\xi + \eta}{2}, \dfrac{1}{2\alpha}(\xi - \eta)\right)$ に関する $z_\xi, z_\eta, z_{\xi\xi}, z_{\xi\eta}, z_{\eta\eta}$ で上の
微分方程式を表わすと

$$z_x = z_\xi + z_\eta, \quad z_y = a\left(z_\xi - z_\eta\right)$$
$$z_{xx} = (z_\xi + z_\eta)_\xi + (z_\xi + z_\eta)_\eta = z_{\xi\xi} + 2z_{\eta\xi} + z_{\eta\eta}$$
$$z_{yy} = a^2(z_\xi - z_\eta)_\xi - a^2(z_\xi - z_\eta)_\eta = a^2\left(z_{\xi\xi} - 2z_{\xi\eta} + z_{\eta\eta}\right)$$
$$0 = a^2 z_{xx} - z_{yy} = 4a^2 z_{\xi\eta}$$

よって $z_{\xi\eta} = 0$ である.

第 3 章公式より,

$$z = \varphi(\xi) + \psi(\eta) = \varphi(x + ay) + \psi(x - ay)$$

例 3（2 次元ラプラシアンの極座標による表示）　$z = f(x, y)$ を
C^2 級の関数とし, $x = r\cos\theta, y = r\sin\theta$ とするとき,

（ i ）$\left(z_x\right)^2 + \left(z_y\right)^2 = \left(z_r\right)^2 + \dfrac{1}{r^2}\left(z_\theta\right)^2$

（ ii ）$z_{xx} + z_{yy} = z_{rr} + \dfrac{1}{r}z_r + \dfrac{1}{r^2}z_{\theta\theta}$

解（ⅰ）　例1と同様に右辺を変形して左辺と等しいことを示す.

$$z_r = z_x \cos\theta + z_y \sin\theta$$

$$z_\theta = z_x(-r\sin\theta) + z_y(r\cos\theta)$$

よって $(z_r)^2 + \dfrac{1}{r^2}(z_\theta)^2$

$$= (z_x \cos\theta + z_y \sin\theta)^2 + (-z_x \sin\theta + z_y \cos\theta)^2$$

$$= (z_x)^2 + (z_y)^2$$

また $z_{rr} = (z_{xx}\cos\theta + z_{yx}\sin\theta)\cos\theta$

$$+ (z_{xy}\cos\theta + z_{yy}\sin\theta)\sin\theta$$

$$= z_{xx}\cos^2\theta + 2z_{xy}\sin\theta\,\mathrm{con}\,\theta + z_{yy}\sin^2\theta$$

$$\frac{1}{r^2}z_{\theta\theta} = \frac{1}{r^2}\left[\{z_{xx}(-r\sin\theta) + z_{yx}(r\cos\theta)\}(-r\sin\theta)\right.$$

$$+ \{z_{xy}(-r\sin\theta) + z_{yy}r\cos\theta\}(r\cos\theta)\Big]$$

$$+ \frac{-1}{r}(z_x\cos\theta + z_y\sin\theta)$$

$$z_{rr} + \frac{1}{r}z_r + \frac{1}{r^2}z_{\theta\theta} = z_{xx} + z_{yy} \qquad\qquad 了.$$

例4（偏微分方程式の作成）　任意の微分可能な関数 f に対して $z = f\left(\dfrac{y}{x}\right)$ で定義される z は

$$xz_x + yz_y = 0$$

をみたす.

解　$z = f(u), u = \dfrac{y}{x}$ とおくと $z_x = f' \cdot \left(-\dfrac{y}{x^2}\right)$
同様に $z_y = f' \cdot \left(\dfrac{1}{x}\right)$,　よって上式がみたされる.

例5　$x = r\cos\theta, y = r\sin\theta$ とするとき

ⅰ）$yf_x - xf_y = 0$ をみたす C^1 級の $f(x,y)$ は r だけの関数であり，ⅱ）$xf_x + yf_y = 0$ ならば $f(x,y)$ は θ だけの関数である.

解　$z = f(x, y) = f(r\cos\theta, r\sin\theta) = g(r, \theta)$ とおく

$$z_\theta = f_x(-r\sin\theta) + f_y(r\cos\theta) = 0$$

より，第 3 章公式 ii）の説明より z は r だけの関数であり，

$$rz_r = r\left(z_x\cos\theta + z_y\sin\theta\right) = z_x x + z_y y = 0$$

こんどは z は θ だけの関数である．　　　　　　　了．

上で学んだ Δ はそれぞれ

$$f \longrightarrow f_{xx} + f_{yy}$$

$$f \longrightarrow yf_x - xf_y$$

$$f \longrightarrow xf_x + yf_y$$

と微分可能な関数 f に対し適当な微分演算をほどこした結果がえられるところの関数を対応させる写像である．このような写像を**微分演算子**という．

さてここで $\left(h\dfrac{\partial}{\partial r} + k\dfrac{\partial}{\partial y}\right)^n$ なる微分演算子を導入してテイラーの定理の説明に使おう．

$l = 1$ のとき $\left(h\dfrac{\partial}{\partial x} + k\dfrac{\partial}{\partial y}\right)f = h\dfrac{\partial f}{\partial x} + k\dfrac{\partial f}{\partial y}$

$l = n - 1$ のときこの微分演算子が意味があるとして

$$h\left(\frac{\partial}{\partial x} + k\frac{\partial}{\partial y}\right)^n f = \left(h\frac{\partial}{\partial x} + k\frac{\partial}{\partial y}\right)\left\{\left(h\frac{\partial}{\partial x} + k\frac{\partial}{\partial y}\right)^{n-1} f\right\}$$

で $l = n$ ときの左辺の定義をあたえよう．

ここで 1 変数のテイラーの定理を 2 変数に文字通り焼きなおしたつぎの定理をのべる．

定理（変数におけるテイラーの定理）　R^2 の領域 D を定義域とする C^n 級の関数 f をとる．いま線分：$\{(x, y) \mid x = a + ht,$

50

$y = b + kt, 0 \leqq t \leqq 1\}$ が D 内に含まれているとしよう．このとき，

$$f(a+h, b+k) = f(a,b) + \left(h\frac{\partial}{\partial x} + k\frac{\partial}{\partial y}\right)f(a,b) + \cdots\cdots +$$

$$\frac{1}{r!}\left(h\frac{\partial}{\partial x} + k\frac{\partial}{\partial y}\right)^r f(a,b) + \cdots + \frac{1}{(n-1)!}\left(h\frac{\partial}{\partial x} + k\frac{\partial}{\partial y}\right)^{n-1} f(a,b)$$

$$+ \frac{1}{n!}\left(h\frac{\partial}{\partial x} + k\frac{\partial}{\partial y}\right)^n f(a+\theta h, b+\theta k)$$

をみたす $\theta(0 < \theta < 1)$ が存在する．

解 $F(t) = f(a+ht, b+kt)$ とおくと $F(t)$ は $[0,1]$ で C^n 級であり，1変数のマクローリン定理によって $\theta \in (0,1)$ が存在して，

$$F(1) = F(0) + \cdots + \frac{1}{r!}F^{(r)}(0) + \cdots + \frac{1}{(n-1)!}F^{(n-1)}(0)$$

$$+ \frac{1}{n!}F^{(n)}(\theta)$$

となる．しかし連鎖律を r 回適用することにより

$$F^{(r)}(t) = \left(h\frac{\partial}{\partial t} + k\frac{\partial}{\partial t}\right)^r f(a+ht, b+kt)$$

と表わされ，これを上のマクローリン展開に代入して定理を得る．
了．

微分演算子 $\left(h\frac{\partial}{\partial x} + k\frac{\partial}{\partial y}\right)^n$ が出たついでに同次関数の微係数に関するオイラーの定理を紹介する．これは解析力学，微分幾何学，変分学等，古典物理学や古典数学解析のさらに進んだ勉強においてしばしば利用される関係である．

例 6（オイラーの定理） $t > 0$ とする．

$$f(xt, yt) = t^\lambda f(x, y)$$

をみたす関数を λ 次の同次式という．（λ は任意の実数）

λ 次の同次式について

（ⅰ）$\left(x\dfrac{\partial}{\partial x} + y\dfrac{\partial}{\partial y}\right) f(x,y) = \lambda f(x,y)$

（ⅱ）$\left(x\dfrac{\partial}{\partial x} + y\dfrac{\partial}{\partial y}\right)^r f(x,y) = \lambda(\lambda-1)\cdots(\lambda-r+1)f(x,y)$

（ⅰ）（ⅱ）**の説明**　連鎖律を使うと，

$$\frac{d^r}{dt^r}f(xt,yt) = \left(x\frac{\partial}{\partial x} + y\frac{\partial}{\partial y}\right)^r f(xt,yt)$$

左辺は $\dfrac{d^r}{dt^r}\left(t^\lambda f(x,y)\right) = \lambda(\lambda-1)\cdots(\lambda-r+1)t^{\lambda-r}f(x,y)$

よって $\left(x\dfrac{\partial}{\partial x} + y\dfrac{\partial}{\partial y}\right)^r f(x,y) = \left(x\dfrac{\partial}{\partial x} + y\dfrac{\partial}{\partial y}\right)^r f(tx,ty)\Big|_{t=1}$

$= \lambda(\lambda-1)\cdots(\lambda-r+1)f(x,y)$　　　了．

第 5 章

3 変数以上の場合，計算問題

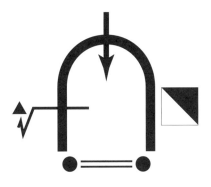

第4章までは主として2変数の場合について偏微分法を展開した．これはそのまま n 変数にひろげることが出来る．大体2変数は2変数ではなく n 変数を代表しているものと受けとられるべきなのである．しかし計算量が大きくなって来ること，特殊な話題，例えば共形性，ポテンシャル，グリーン関数など $n \geqq 3$ と $n = 2$ とで事情の変るものもあるので3変数以上を特別に再論したい．第5章は n 変数の場合における基本的概念の導入から始めよう．

$\boldsymbol{R}^n$ の領域 D を定義域とする n 変数の関数 $z = f(x_1, \cdots, x_n)$ について D 内の1点 $(a_1, \cdots, a_n)$ において

$$\lim_{h_i \to 0} \frac{f(a_1, \cdots, a_{i-1}, a_i + h_i, a_{i+1}, \cdots, a_n) - f(a_1, \cdots, a_n)}{h_i}$$

が存在すれば，f は $(a_1, \cdots, a_n)$ において x_i について，**偏微分可能**であるといい，この極限値を $f_{x_i}(x_1, \cdots, x_n)$ で表わし偏微分係数と呼ぶ．

C^k 級などの定義は $n = 2$ の場合と同様であるが，例えば点 $(a_1, \cdots, a_n)$ で f が**全微分可能**とは

$$f(x_1, \cdots, x_n) = f(a_1, \cdots, a_n) + \sum_{i=1}^{n} \alpha_i (x_i - a_i) + o\left(\sqrt{\sum_{1=i}^{n} (x_i - a_i)^2} \right)$$

であり $\alpha_i = f_{x_i}(a_1, \cdots, a_n)$ となる．C^1 級ならば全微分可能であることも n 変数の場合の平均値の定理を準備して利用すれば2変数の場合と同様に出来る．

n 変数の連鎖律はつぎのようになる．いま z を

$$z = f(u_1(x_1, \cdots, x_m), \cdots, u_n(x_1, \cdots, x_m))$$

としたとき，z の x に関する第1次，第2次の微係数はつぎのようになる．

公式　ｉ）$\dfrac{\partial z}{\partial x_i} = \dfrac{\partial z}{\partial u_1} \dfrac{\partial u_1}{\partial x_i} + \cdots + \dfrac{\partial z}{\partial u_n} \dfrac{\partial u_n}{\partial x_i} = \displaystyle\sum_{a=1}^{n} \dfrac{\partial z}{\partial u_a} \dfrac{\partial u_a}{\partial x_i}$

ii）$\dfrac{\partial^2 z}{\partial x_i \partial x_j} = \displaystyle\sum_{a,b=1}^n \dfrac{\partial^2 z}{\partial u_a \partial u_b}\dfrac{\partial u_a}{\partial x_i}\dfrac{\partial u_b}{\partial x_j} + \sum_{a=1}^n \dfrac{\partial z}{\partial u_a}\dfrac{\partial^2 u_a}{\partial x_i \partial x_j}$

ここで i,j は $1,\cdots,m$ のなかの任意のものとする.

テイラー展開, ラプラシアン, オイラーの公式については以下の例題の説明の中でのべて行こう.

例 1　$f(x_1,\cdots,x_n)$ を C^2 級の関数とし, ラプラス演算子（ラプラシアン）Δ を次式で定義する.

$$\Delta f = \dfrac{\partial^2 f}{\partial x_1{}^2} + \cdots + \dfrac{\partial^2 f}{\partial x_n{}^2}$$

いま $f(x_1,\cdots,x_n) = g(r), r = (x_1^2 + \cdots + x_n^2)^{\frac{1}{2}}, g$ は C^1 級とすると,

i）$\Delta f = g''(r) + \dfrac{n-1}{r}g'(r) = \dfrac{1}{r^{n-1}}\dfrac{d}{dr}\left(r^{n-1}\dfrac{dg}{dr}\right)$

ii）$\Delta f = 0$ であれば,

$n \geqq 3$ のとき, $f(x_1,\cdots,x_n) = \dfrac{a}{r^{n-2}} + b$

$n = 2$ のとき, $f(x_1,\cdots,x_n) = a\log r + b$

である.

解　i）連鎖律を使って

$$\dfrac{\partial f}{\partial x_i} = g'(r)\dfrac{\partial r}{\partial x_i} = g'(r)\dfrac{x_i}{r}$$

$$\dfrac{\partial^2 f}{\partial x_i{}^2} = g''(r)\dfrac{(x_i)^2}{r^2} + g'(r)\dfrac{r - \frac{(x_i)^2}{r}}{r^2}$$

$$= g''(r)\dfrac{(x_i)^2}{r^2} + g'(r)\dfrac{r^2 - (x_i)^2}{r^3}$$

$$\Delta f = \sum_{i=1}^n \dfrac{\partial^2 f}{\partial x_i{}^2} = g''(r) + \dfrac{n-1}{r}g'(r) = \dfrac{1}{r^{n-1}}\dfrac{d}{dr}\left(r^{n-1}\dfrac{dg}{dr}\right)$$

ii）$\Delta f = 0$ より $r^{n-1}g' = $ 定数 $g' = \dfrac{C}{r^{n-1}}$

$n = 1$ のとき g は r の次式であり,

$n = 2$ のときは $a \log r + b$ の形であり，

$n \geqq 3$ のときは $g = \dfrac{a}{r^{n-2}} + b$ の形である．

$n \geqq 2$ のとき，$\Delta f = 0$ をみたす C^2 級関数を**調和関数**という．

調和関数は数学物理学の双方にとって基本的な関数である．調和関数を勉強する方法は 2 変数のときは複素関数論とあいまって進められる．3 変数以上のときは微積分学の後半，重積分の展開，特に種々の積分定理，積分公式の応用としてその積分表示を学ぶところから始まる．この本ではこれ以上述べない．

上の例で $n = 3$ のとき，$\dfrac{a}{r}$ が調和関数であったがこれを**クーロン場のポテンシャル**とよび，帯電粒子間の電気力はこの関数の勾配で与えられる．$\dfrac{1}{r}$ の形からその力が比較的遠方にまでおよぶ．

例 2 $n = 3$ のとき $u = a \cdot \dfrac{e^{-\lambda r}}{r}$ $(\lambda > 0)$ は $\Delta u = \lambda^2 u$ をみたす．すなわち u は固有値 λ^2 に対応する固有関数である．この関数はクーロン場のポテンシャルに比べて値が急減する．極めて狭い領域で意味があるこのような場は核物理学でも使われたことがあり，**湯川ポテンシャル**と呼ぶこともある．

解 $u = u(r)$ であるから $\Delta(u(r)) = u''(r) + \dfrac{2}{r}u'(r)$ であり，

$$u' = -ae^{-\lambda r}\left(\lambda r^{-1} + r^{-2}\right)$$
$$u'' = ae^{-\lambda r}\left(\lambda^2 r^{-1} + 2\lambda r^{-2} + 2r^{-3}\right)$$

よって $\Delta(u(r)) = \lambda^2 u(r)$ となる．

第 4 章で 2 変数のラプラシアンを極座標に表現してみたが，同様のことを 3 次元で行なってみよう．

例 3（空間の極座標によるラプラシアン） 直交座標系 (x, y, z)

を

$$x = r\sin\theta\cos\psi, y = r\sin\theta\sin\psi, z = r\cos\theta,$$

$$(\text{ここで} 0 \leqq \theta \leqq \pi, 0 \leqq \psi \leqq 2\pi, 0 < r)$$

とおく.

(r, θ, ψ) 点 P の極座標という. Δ を**極座標**に関してあらわしてみよう.

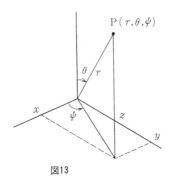

図13

解 直接に連鎖律で計算する方法もあるのだが, ここは平面上の極座標を媒介にして計算する方法を紹介していこう. つまり

$$(x, y, z) \overset{*}{\to} (\rho\cos\psi, \rho\sin\psi, z) \to (r\sin\theta\cos\psi, r\sin\theta\sin\psi, r\cos\theta)$$
$$\|\qquad\qquad\qquad\qquad\qquad \|$$
$$(\rho, \psi, z) \xrightarrow[**]{\qquad\qquad} (r\sin\theta, \psi, r\cos\theta)$$

と *, ** の 2 回の変換を行なうのである.

第 4 章例 3 ii) よりまず * によって

$$\Delta f = \frac{\partial^2 f}{\partial x^2} + \frac{\partial^2 f}{\partial y^2} + \frac{\partial^2 f}{\partial z^2}$$
$$= \left(\frac{\partial^2}{\partial\rho^2} + \frac{1}{\rho}\frac{\partial}{\partial\rho} + \frac{1}{\rho^2}\frac{\partial^2}{\partial\psi^2}\right) f(\rho, \psi, z) + \frac{\partial^2 f}{\partial z^2}(\rho, \psi, z)$$

** に再び第 4 章例 3 を適用すると

$$\left(\frac{\partial^2}{\partial\rho^2} + \frac{\partial^2}{\partial z^2}\right) f(\rho, \psi, z) = \left(\frac{\partial^2}{\partial r^2} + \frac{1}{r}\frac{\partial}{\partial r} + \frac{1}{r^2}\frac{\partial^2}{\partial\theta^2}\right) f(r, \theta, \psi)$$

$$\frac{\partial}{\partial \rho} f(\rho, \psi, z) = \left(\sin\theta \frac{\partial}{\partial r} + \frac{\cos\theta}{r} \frac{\partial}{\partial \theta} \right) f(r, \theta, \psi)$$

よって $\Delta f = \dfrac{\partial^2}{\partial r^2} f + \dfrac{2}{r} \dfrac{\partial f}{\partial r} + \dfrac{1}{r^2} \left(\dfrac{\partial^2}{\partial \theta^2} + \cot\theta \dfrac{\partial}{\partial \theta} + \operatorname{cosec}^2 \theta \dfrac{\partial^2}{\partial \psi} \right) f$

第 4 章で学んだオイラーの定理は n 変数でも成立するが，ここでは同次式である為の必要かつ十分な件としてとり扱う．

例 4（オイラーの定理） $f(x_1, \cdots, x_n)$ を $\boldsymbol{R}^n$ から原点を除いて得られる領域で C^1 級とする．

任意の正数 $t > 0$ に対して

$$f(tx_1, \cdots, tx_n) = t^\lambda f(x_1, \cdots, x_n)$$

をみたすとき f は λ 次同次式という．

f が λ 次同次式であるための必要かつ十分な条件は

$$\sum_{i=1}^{n} x_i \frac{\partial}{\partial x_i} f = \lambda f$$

となることである．

解 （必要条件） 第 4 章の $n = 2$ の時と全く同様である．
（十分条件） $g = (x_1)^\lambda + \cdots + (x_n)^\lambda$ とおくと，$\dfrac{f}{g}$ は

$$\sum_{i=1}^{n} x^i \left(\frac{f}{g} \right)_{x_i} = \frac{\left(\sum_{i=1}^{n} x^i f_{x_i} \right) g - \left(\sum_{i=1}^{n} x^i g_{x_i} \right) f}{g^2} = \frac{\lambda f g - \lambda f g}{g^2} = 0$$

そこで $\sum x^i f_{x_i} = 0$ であれば，0 次同次であることを示せば十分であることがわかる．いま f がこの式をみたすとする．

$$\frac{d}{dt} f(tx_1, \cdots, tx_n) = \sum x^i f_{x_i}(tx_1, \cdots, tx_n) = 0,$$

$f(tx_1, \cdots, tx_n)$ は t について定数，$(t > 0)$
よって $f(tx_1, \cdots, tx_n) = f(x_1, \cdots, x_n)$ である． 了．

つぎの例は有名な問題である.

例 5（バン・デア・モンドの行列式）

$$
D = \begin{vmatrix} 1 \cdots\cdots 1 \\ x_1 \cdots\cdots x_n \\ \vdots \\ x_1{}^{n-1} \cdots\cdots x_n{}^{n-1} \end{vmatrix}
$$

とおくとき, つぎがなりたつ.

i) $\displaystyle\sum_{i=1}^{n} \frac{\partial D}{\partial x_i} = 0.$　　ii) $\displaystyle\sum_{i=1}^{n} x_i \frac{\partial D}{\partial x_i} = \frac{n(n-1)}{2} D$

解　i) 解法はいろいろあるが, この行列式を展開する方法によりたい.

この行列式 D を展開するとつぎの形の多項式になる.

$$
D = (-1)^{\frac{n(n-1)}{2}} (x_1 - x_2) \cdots\cdots (x_1 - x_n) = (-1)^{\frac{n(n-1)}{2}} \prod_{i<j} (x_i - x_j)
$$
$$
(x_2 - x_3) \cdots\cdots (x_2 - x_n)
$$
$$
\cdots\cdots
$$
$$
(x_{n-1} - x_n)
$$

よって

$$
\frac{1}{D} \frac{\partial D}{\partial x_1} = \frac{1}{x_1 - x_2} + \cdots\cdots\cdots\cdots + \frac{1}{x_1 - x_n}
$$
$$
\frac{1}{D} \frac{\partial D}{\partial x_2} = \frac{1}{x_2 - x_1} + \frac{1}{x_2 - x_3} + \cdots\cdots + \frac{1}{x_2 - x_n}
$$
$$
\frac{1}{D} \frac{\partial D}{\partial x_n} = \frac{1}{x_n - x_1} + \cdots\cdots\cdots\cdots + \frac{1}{x_n - x_{n-1}}
$$

したがって $\displaystyle\sum_{i=1}^{n} \frac{\partial D}{\partial x_i}$ はすべてが打ち消しあって 0 である.

ii) D が $\dfrac{n(n-1)}{2}$ 次の同次式であることからオイラーの定理を適用すると ii) の形が得られる.

注　この行列式をバン・デア・モンドの行列式といい，行列式論の展開の外，微分方程式論にも使われる．

第 6 章

陰関数定理とその幾何学的意味

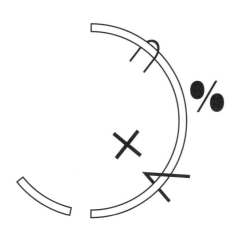

いままで曲線というと $x = x(t), y = y(t)$ と助変数で表示したものであり，主としてジョルダン曲線，場合によっては $y = f(x)$，または $x = g(y)$ のグラフが主な話題であった．曲線の全体の形状を調べるためには，別の観点からみた曲線の式が調べられねばならない．すなわち $F(x,y) = 0$ の形の条件をみたす点 (x,y) の集合の性質を調べようというわけである．ここで2変数の関数 $z = F(x,y)$ のグラフと xy 平面との交わりとしての集合 $M = \{(x,y) \mid F(x,y) = 0\}$ がどのような条件の下で $y = f(x)$，または $x = g(y)$ のグラフとみなされるか調べてみたい．

2, 3 の例の考察からはじめよう．

例 1　$z = x^2 + y^2$ のグラフは xy 平面に原点で接しており，$x^2 + y^2 = 0$ は 1 点を定める．

例 2　$z = 0$ のグラフは xy 平面と一致している．この場合 $F(x,y) = 0$ にあたるものは全平面である．

例 3　$F(x,y) = x^2 - y^2$ のとき，$x^2 - y^2 = 0$ は原点で相交わる 2 つの直線である．

以上 3 例に共通するものは $z = F(x,y)$ のグラフと xy 平面の交点において，$z = F(x,y)$ の接平面が xy 平面と一致することである．これを否定して**接平面が xy 平面と直線で交る条件**がみたされれば，$F(x,y) = 0$ は $y = f(x)$ または $x = g(y)$ で表わされるだろうとは想像のつくことである．この条件を**横断条件**という．

接平面が xy 平面と一致する条件はこの場合 $F_x = F_y = 0$ であり，その条件を否定して $\boldsymbol{F_x}^2 + \boldsymbol{F_y}^2 \neq \boldsymbol{0}$ としよう．これがこの場合の横断条件である．

陰関数定理は通常 $z = F(x,y)$ のグラフが接平面を持つ条件より弱い仮定でのべられている．しかしここでは C^1 級に限定しよう．

　定理（陰関数定理）　C^1 級の関数 $F(x,y)$ のグラフと xy 平面の交わりに属する 1 点 (a,b) において横断条件がみたされているとする．このとき

　ⅰ）$x = a$（または $y = b$）を含むある区間を定義域とする関数 $y = f(x)$　（または $x = g(y)$）が唯一つ存在して $F(x, f(x)) = 0$（または $F(g(y), y) = 0$) をみたす，この $f(x)(g(y))$ を**陰関数**という．

　ⅰ）$f(x)$（または $g(y)$）は C^1 級であって，

$$f'(x) = -\frac{F_x(x, f(x))}{F_y(x, f(x))} \quad \left(g'(y) = -\frac{F_y(g(y), y)}{F_x(g(y), y)} \right)$$

をみたす．

　説明　ⅰ）$\left(F_x^2 + F_y{}^2 \right)(a,b) \neq 0$ より $F_x(a,b) \neq 0$ か $F_y(a,b) \neq 0$ のいずれかである．いま $F_y(a,b) \neq 0$ と仮定しよう．$F_y(a,b) > 0$ としても一般性を失わない．このとき $F(a,y)$ は y の関数として点 (a,b) の近くで単調増加である．この範囲を $(b-\delta, b+\delta)$ ととると，

$$F(a, b-\delta) < 0 < F(a, b+\delta)$$

である．（$x = a$ による切り口の形状を頭に入れて欲しい）

　F の連続性から x を a に十分近くとると，

$$F(x, b-\delta) < 0 < F(x, b+\delta)$$

　各 x ごとに $F(x,y) = \varphi(y)$ とおくと $\varphi(y)$ の単調増大性は x が a に近ければ変らないし，連続性も F が C^1 級であるから明らかであり，x ごとにある η が存在して $\varphi(\eta) = 0$，つまり $\eta = f(x)$ とおけて $F(x, f(x)) = 0$ をみたす．

　上の $f(x)$ のつくり方から $f(x)$ が $x = a$ で連続，また $x = a$ の近傍で連続であることもわかる．

ii）$f(x)$ の導関数の存在の証明と F の微係数で f' を表わす仕方をつぎにのべよう.

$$F(a + \Delta x, b) = F(a, b) + \Delta x F_x(a, b) + o(\Delta x)$$
$$F(a + \Delta x, b + \Delta y) = F(a + \Delta x, b) + \Delta y F_y(a + \Delta x, \quad b + \theta \Delta y)$$
$$(0 < \theta < 1)$$

よって

$$F(a + \Delta x, b + \Delta y) = F(a, b) + \Delta x F_x(a, b)$$
$$+ \Delta y F_y(a + \Delta x, b + \theta \Delta y) + o(\Delta x)$$

いま $(a + \Delta x, b + \Delta y), (a, b)$ が共に $F(x, y) = 0$ の点であるとき,

$$\frac{\Delta y}{\Delta x} = -\frac{F_x(a, b) + \frac{o(\Delta x)}{\Delta x}}{F_y(a + \Delta x, b + \theta \Delta y)}$$

したがって

$$\frac{dy}{dx} = \lim_{\Delta x \to 0} \frac{\Delta y}{\Delta x}$$

は右辺の極限として存在し,

$$= -\frac{F_x}{F_y}(a, b)$$

最後に $f'(x) = -\dfrac{F_x(x, f(x))}{F_y(x, f(x))}$ より, f' の連続性も結論つけられる.

例 4 $F(x, y)$ が C^2 級のとき, $F(x, y) = 0$ の定める陰関数を f とするとき, $\quad f'' = \dfrac{-F_{xx}F_y{}^2 + 2F_{xy}F_x F_y - F_{yy}F_x{}^2}{F_y{}^3}.$

解 $f'(x) = \dfrac{-F_x(x, f(x))}{F_y(x, f(x))}$ と F の C^2 級とから $f''(x)$ の存在がわ

かる.

$$\frac{d^2y}{dx^2} = -\frac{\left\{F_{xx} + F_{xy}\left(-\frac{F_x}{F_y}\right)\right\}F_y - \left\{F_{yx} + F_{yy}\left(-\frac{F_x}{F_y}\right)\right\}F_x}{F_y^2}$$

$$= \frac{-F_{xx}\left(F_y^2\right) + 2F_{xy}F_xF_y - F_{yy}\left(F_x\right)^2}{\left(F_y\right)^3} \qquad \text{了.}$$

C^1 級の関数 F によって $F(x,y) = 0$ の点の集合を C としたとき, C 上の点 (a,b) で $dF(a,b) = 0$ つまり $F_x(a,b) = F_y(a,b) = 0$ のとき, 点 (a,b) を**特異点**という. 特異点でない C 上の点を**正則点**, または**通常点**という.

　特異点についてさらにくわしく学ぶ前に陰関数定理を n 次元に拡張した定理を紹介しよう. 前定理で x の果たした役割を $(x_1,\cdots,x_n)$ が果たし, 証明は全く同一であるので省略する.

定理（一般化された陰関数定理）　$F(x_1,\cdots,x_n,z)$ が C^1 級の関数とする. $F(a_1,\cdots,a_n,b) = 0, F_z(a_1,\cdots,a_n,b) \neq 0$ とすると, 点 $(a_1,\cdots,a_n)$ のある近傍を定義域とする C^1 級の関数 $y = f(x_1,\cdots,x_n)$ で $b = f(a_1,\cdots,a_n), F(x_1,\cdots,x_n,f(x_1,\cdots,x_n)) = 0$ をみたすものがただ 1 つ存在し,

$$\frac{\partial f}{\partial x_i} = -\frac{F_{x_j}\left(x_1,\cdots,x_n,f\left(x_y,\cdots,x_n\right)\right)}{F_z\left(x_1,\cdots,x_n,f(x_1,\cdots,x_n)\right)}$$

である.

　いままでの曲線や曲面の表わし方は $y = f(x)$ のグラフ, $z = g(x,y)$ のグラフであったが, 陰関数の定理によっていままでより一般的な表示 $F(x,y) = 0, F(x,y,z) = 0$ で与えられる曲線, 曲面を対象に出来るようになった. しかしいままでは考慮しなかった特異点の近くの状態を考えねばならなくなった.

　特異点のまわりの曲線の形状については, 典型的なるのを列挙するにとどめたい.

例 5　$y^2 - x^2(x - a) = 0$　$a < 0$

　　　$y^2 - x^2(x - a) = 0$　$a > 0$

　　　$y^2 - x^3 = 0$

ではいずれもが座標原点を特異点とする．原点のまわりの状態は図のごとく多様であり，それぞれ**結節点，孤立点，第一種の尖点**とよばれる．

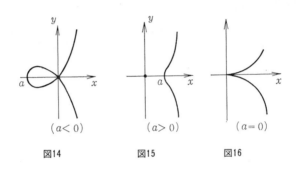

　　　　$(a<0)$　　　　$(a>0)$　　　　$(a=0)$

　　　　図14　　　　　図15　　　　　図16

　ここで**曲線の追跡**を説明しておこう．与えられた $f(x_1, x_2) = 0$ のグラフの形状を見極めることを曲線の追跡という．x 軸，y 軸との交点，陰関数の微係数，無限への近づき方，湾曲度の外に特異点のまわりの形状を調べることが重要である．**枝わかれしているか，孤立しているか，枝わかれの部分の相互関係（接しているか，切りあっているか）**調べることによって上記のグラフ等も完成するのである．

例 6　ⅰ）$y^2 - 2yx^2 + x^4 - x^5 = 0$

　　　　ⅱ）$x^4 + x^2y^2 - 6x^2y + y^2 = 0$

　解　ⅰ）は $y = x^2 \pm x^{\frac{5}{2}}$ となり原点（特異点）の近くでは図のようになる．このような特異点を**第 2 種の尖点**という．

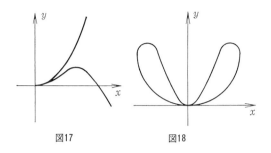

図17　　　　図18

ⅱ）$x^2 = \dfrac{1}{2}\left\{\left(6y - y^2 \pm y\sqrt{(y-4)(y-8)}\right)\right\}$

となるから図のようになる．原点は特異点であり，このような特異点を**自接点**という．

特異点の分類は上記の例からみて察せられるように微積分の対象というよりは代数的な関数の性質として眺める方が展望がひろがってくるのである．現代数学では代数幾何とか複素解析等の分野があり，その研究目標の中に特異点の性質の一般化されたものが含まれている．

さてこの第6章の残りでは陰関数で定義された関数に関する計算問題をいくつか解くことにしよう．

例7　$y = f\left(\dfrac{y - nz}{x - mz}\right)$（$f$ は C^1 級）で定まる z について

$$(x - nz)z_x + (y - mz)z_y = 0$$

が成立つ．

解　偏微分方程式の作成と同様にして解いていく．$u = \dfrac{y - nz}{x - mz}$ とおくと

$$dz = f'(u)\left\{-\frac{y - nz}{(x - mz)^2}dx + \frac{1}{x - mz}dy + \frac{my - nx}{(x - mz)^2}dz\right\}$$

すなわち

$$dz = \frac{-(y-nz)f'(u)dx + (x-mz)f'(u)dy}{(x-mz)^2 - f'(u)(my-nx)}$$

一方で

$$dz = z_x dx + z_y dy$$

であるから両者から dz を消去して

$$(x-mz)z_x + (y-nz)z_y = 0$$

例 8（接平面の公式）　曲面 $f(x,y,z) = 0$ の接平面の式は

$$0 = f_x dx + f_y dy + f_z dz$$

特に曲面上の 1 点を (x_0, y_0, z_0)，空間の流通座標を X, Y, Z とするとき，(x_0, y_0, z_0) における接平面は

$$0 = f_x(x_0, y_0, z_0)(X - x_0) + f_y(x_0, y_0, z_0)((Y - y_0)$$
$$+ f_z(x_0, y_0, z_0)(Z - Z_0)$$

また**法線**を与える式は

$$\frac{X - x_0}{f_x} = \frac{Y - Y_0}{f_y} = \frac{Z - z_0}{f_z}$$

である.

解　特異点を除外して考えてよい.（章末注意参照）

したがって $f_z \neq 0$ とすると一般化された陰関数定理によって $z = g(x,y)$ となり，

$$g_x = \frac{-f_x}{f_z}, \quad g_y = \frac{-f_y}{f_z}$$

よって接平面の式は

$$\frac{-f_x}{f_z} \cdot (X-a) + \frac{-f_y}{f_z}(Y-b) = Z-c$$

または

$$f_x \cdot (X-a) + f_y \cdot (Y-b) + f_z \cdot (Z-c) = 0$$

$f_x \neq 0, f_y \neq 0$ のときも同一の式を得る.

例 9（いわゆる一般柱面）　$f(x,y)$ 文 C^1 級とする. 曲面 $f(ax-bz, ay-cz) = 0$ の接平面はすべて定直線に平行である.

解　ヒントが無ければ手がつかないように見えるがまず接平面の方程式を書いてみよう.

$$af_x(ax-bz, ay-cz)(X-x) + af_y(ax-bz, ay-cz)(Y-y)$$
$$-\{bf_x(ax-bz, ay-cz) + cf_y(ax-bz, ay-cz)(Z-z) = 0$$

上式での X, Y, Z の係数を A, B, C とそれぞれおくと,

$$bA + cB + aC = 0$$

がみたされる.

よってこの平面は直線 $\dfrac{X}{b} = \dfrac{Y}{c} = \dfrac{Z}{a}$ に平行である.

例 10（曲線の追跡）　$y^2(x-1) = x^2(x+1)$ が定める曲線を追跡せよ.

解　この式を y について解くと

$$y_1 = x\sqrt{\frac{x+1}{x-1}}, \quad y_2 = -x\sqrt{\frac{x+1}{x-1}}$$

y_1 について考えると $x \to 1+0$ のとき $y_1 \to +\infty$,すなわち $x = 1$ が漸近線であり **y 軸に平行な漸近線**はこれ以外にはない.さて **y 軸に平行でない漸近線**のさがし方を紹介しておこう.

$x \to \infty$ のとき,$y = mx + n$ と $y = g(x)$ が近づくとき漸近線ということにすると,

$$\lim_{x \to \infty} \{g(x) - (mx + n)\} = 0 \text{よって} \lim_{x \to \infty} \left\{ \frac{g(x)}{x} - m + \frac{n}{x} \right\} = 0$$

$m = \lim \dfrac{g(x)}{x}, \quad n = \lim_{x \to \infty} (g(x) - mx)$ となる.$x \to -\infty$ も同様.

$$\lim_{x \to \pm\infty} \frac{y_1}{x} = \lim_{x \to \pm\infty} \sqrt{\frac{x+1}{x-1}} = 1 = m$$

$$\lim_{x \to \infty} (y_1 - mx) = \lim_{x \to \infty} x \left(\sqrt{\frac{x+1}{x-1}} - 1 \right) = 1$$

$\displaystyle\lim_{x \to -\infty} (y_1 - mx)$ も同様に 1 であり漸近線は $y = x + 1$.

同様に $x = 1$ は y_2 の漸近線でもあり,$y = -x - 1$ が $x \to \infty$ のときの y_2 の漸近線である.

さて漸近線以外のデーターをあげると $y^2 = \dfrac{x^2(x+1)}{x-1} \geqq 0$ より $x = 0, x \leqq -1, x \geqq -1$ のいずれかである.$(0,0)$ は特異点で孤立点.$x > 1$ ならば $y_1 > 0, x_1 < 0$ より y_1 のグラフは $(0,0)$ 以外は第 1,第 3 象限,$y_1{}'$ の増減,y_1 と y_2 の対称性によって次図のようなグラフを持つ.

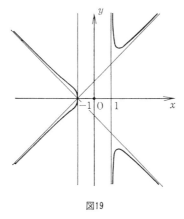

図19

注意 $F(x, y) = 0$ の場合と同様に $F(x, y, z) = 0$ の特異点も $F_x = F_y = F_z = 0$ をみたす点として定義される. 曲面の特異点は曲線の場合より複雑なので詳論しない.

　2 次曲面で原点が特異点になる例は $x^2 + y^2 - z^2 = 0$ などで定義される錐面 $x^2 - y^2 = 0$（z 任意）などで定義される 2 枚の平面などがある.

演 習 問 題 A

1 つぎの関数の $(x, y) \to (0, 0)$ のときの極限を求めよ.

ⅰ) $\dfrac{3x^2 + 5y^2}{\sqrt{x^2 + y^2}}$　　ⅱ) $\dfrac{x - y}{x + y}$

2 領域 D を定義域とする実数値連続関数 f に対して D 内の 2 点 A, B で $f(A) < f(B)$ とする.$f(A) < K < f(B)$ である任意の値 K に対し D 内の点 C が存在して $f(C) = K$ となることを証明せよ.（**中間値の定理**）

3 $z = f(x, y), x = \dfrac{u}{u^2 + v^2}, y = \dfrac{v}{u^2 + v^2}$ のとき,

$$(x^2 + y^2)(z_{xx} + z_{yy}) = (u^2 + v^2)(z_{uu} + z_{vv})$$

を示せ.

4 つぎの文の間違いを示せ.

$x = \xi, y = \xi + \eta$ とおく.$z = f(x, y)$ に代入して（f は C^1 級）$z = f(\xi, \xi + \eta)$ を考える.

$$\frac{\partial z}{\partial \xi} = \frac{\partial z}{\partial x}\frac{\partial x}{\partial \xi} + \frac{\partial z}{\partial y}\frac{\partial y}{\partial \xi} = \frac{\partial z}{\partial x} + \frac{\partial z}{\partial y}$$

一方 $x = \xi$ であるからこの式に代入して

$$\frac{\partial z}{\partial \xi} = \frac{\partial z}{\partial \xi} + \frac{\partial z}{\partial y}$$

したがって $\dfrac{\partial z}{\partial y} = 0$ を得る.

5 $z = \varphi(u, v), u = u(x, y), v = v(x, y)$ がすべて C^1 級で $u_x = v_y, u_y = -v_x$ のとき,

ⅰ) $(z_x)^2 + (z_y)^2 = \left((z_u)^2 + (z_v)^2\right) \cdot \left((u_x)^2 + (u_y)^2\right)$

ii）$z_{xx} + z_{yy} = (z_{uu} + z_{vv})\left((u_x^2) + (u_y)^2\right)$

を示せ．$(z; C^2$ 級$)$

6　$f(x,y)$ が (x_0, y_0) で全微分可能であるための必要かつ十分な条件は $f(x,y)$ が (x_0, y_0) において偏微分可能で

$$(\Delta_h \Delta'_k f)(x_0, y_0) = o\left(\sqrt{h^2 + k^2}\right)$$

であることを示せ．

7　点 (x_0, y_0) の近傍で定義された関数 $f(x,y)$ が (x_0, y_0) において全微分可能であるための必要かつ十分な条件は (x_0, y_0) において連続な関数 $p(x,y), q(x,y)$ が存在して

$$f(x,y) = f(x_0, y_0) + (x - x_0)\, p(x,y) + (y - y_0)\, q(x,y)$$

と表わされることを示せ．またこの条件下で

$$p(x_0, y_0) = f_x(x_0, y_0),\, q(x_0, y_0) = f_y(x_0, y_0)$$

を示せ．

8　$f(x,y)$ が (x_0, y_0) の近傍において連続，(x_0, y_0) で全微分可能とするとき，次式を証明せよ．

$$\lim_{r \to 0} \frac{1}{r}\left[\frac{1}{2\pi}\int_0^{2\pi} f(x_0 + r\cos\theta, y_0 + r\sin\theta)\,d\theta - f(x_0, y_0)\right] = 0$$

9　$F(x,y,z) = 0$ によって $z = \varphi(x,y)$ を定めるとき，z_{xx}, z_{xy}, z_{yy} を求めよ．

10　$u = f(xu, y)$ のとき，$u_x = \dfrac{u f_1(xu, y)}{1 - x f_1(xu, y)}$ を示せ．

74

ここで f_i は f の第 $i(i=1,2)$ 変数による偏導関数を示す.

11 $u = a + e\sin u$ によって u を a と e の関数とみるとき,

$$u_e = (\sin u)\cdot u_a, \quad \frac{\partial^n u}{\partial e^n} = \frac{\partial^{n-1}}{\partial a^{n-1}}\left(\sin^n u \frac{\partial u}{\partial a}\right)$$

を示せ.

12 つぎの曲線の特異点を求めその点のちかくの形状を調べよ.
　i）$x^3 + y^3 = a^3$　　　ii）$x^3 + y^3 = 2ax^2$　　　iii）$y = xe^{\frac{1}{x}}$

13 $x^3 + y^3 = 3axy$ を助変数 t の有理関数 $f(t), g(t)$ により, $x = f(t), y = g(t)$ という形に表わせ.

演習問題 A の解答

1　i）0　ii）極限なし　　**2**　省略　　**3**　計算による
4 $\frac{\partial z}{\partial x} + \frac{\partial z}{\partial y} = \frac{\partial z}{\partial \xi} + \frac{\partial z}{\partial y}$ において間違いが生ずる. $x = \xi$ でも $\frac{\partial z}{\partial x} \neq \frac{\partial z}{\partial \xi}$ である.　　**5**　省略　　**6**　省略　　**7**　省略
8 大かっこ内の r について1次の項は積分で0, 2次以上の項は極限操作の結果0.
9 $z_x = -\frac{F_x}{F_z}, z_y = -\frac{F_y}{F_z}$. 2次導関数はこれらを偏微分して得られる.
10 省略　　**11** 省略　　**12** 図示

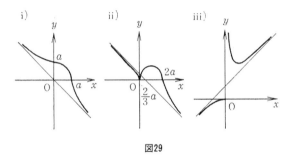

図29

第7章

ヤコビアンの周辺

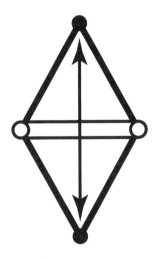

ヤコビは前世紀のはじめのドイツの数学者である．オイラーの系統をふまえ，形式よりも内容に重きをおいた創意にとんだ数学者であった．関数の相互関係に関する表題の**ヤコビアン**，力学のハミルトン-ヤコビ方程式，ヤコビの楕円関数，ヤコビ多様体，ヤコビの逆の問題等，数理物理学から整数論にいたるまであまたのものを創始したのはおどろくばかりである．

2つの n 次元空間の間の写像 f を次のようにあらわす．

$$f: \quad \begin{array}{c} y_1 = f_1(x_1, \cdots, x_n) \\ \vdots \\ y_n = f_n(x_1, \cdots, x_n) \end{array}$$

ここで $f_1, \cdots, f_n$ は C^1 級の関数とする．このとき，f の定義域の各点 $(x_1, \cdots, x_n)$ において，

$$dy_1 = \frac{\partial f_1}{\partial x_1}dx_1 + \cdots\cdots + \frac{\partial f_n}{\partial x_n}dx_n$$

$$\vdots$$

$$dy_n = \frac{\partial f_1}{\partial x_1}dx_1 + \cdots\cdots + \frac{\partial f}{\partial x_n}dx_n$$

という1次写像が随伴する．$(x_1, \cdots, x_n)$ のまわりの小さな近傍で写像 f 高次の項を無視するとこの1次写像が得られることからこれを**接1次写像**と呼ぶ．（35頁，40頁参照）

この1次写像の係数の行列式

$$\begin{vmatrix} \dfrac{\partial y_1}{\partial x_1} & \cdots\cdots & \dfrac{\partial y_1}{\partial x_n} \\ & \cdots\cdots\cdots\cdots & \\ \dfrac{\partial y_n}{\partial x_1} & \cdots\cdots & \dfrac{\partial y_n}{\partial x_n} \end{vmatrix}$$

を $\dfrac{\partial(y_1, \cdots, y_n)}{\partial(x_1, \cdots, x_n)}$ または $\dfrac{\partial(y)}{\partial(x)}$ などで表わし，これを $y_1, \cdots, y_n$ の $x_1, \cdots, x_n$ に関するヤコビアン，又は**関数行列式**と呼ぶ．

　連立 1 次方程式に関するクラーメルの解法を引用すると，ヤコビアンが 0 でないとき，接写像は 1 : 1 の写像である．このことから写像 f が局所的に 1 : 1 の写像であることがおぼろ気ながら判って来るのである．数学的にこのことを厳密に証明するには陰関数定理のかなり一般な形を証明してその系として示すのである．他の証明方法もいくつかあるが，ここではあくまでも陰関数定理の応用としての立場を堅持する．まずいくつかの簡単な例から始めよう．

　例 1　ⅰ）$f : \{x = r\cos\theta, y = r\sin\theta\}$ の関数行列式は

$$\frac{\partial(x,y)}{\partial(r,\theta)} = \begin{vmatrix} \cos\theta & -r\sin\theta \\ \sin\theta & r\cos\theta \end{vmatrix} = r$$

ⅱ）$f : \begin{cases} x = r\sin\theta\cos\varphi \\ y = r\sin\theta\sin\varphi \\ z = r\cos\theta \end{cases}$　について　$\dfrac{\partial(x,y,z)}{\partial(r,\theta,\varphi)} = r^2\sin\theta$ である．

　解　ⅱ）は

$$\frac{\partial(x,y,z)}{\partial(r,\theta,\varphi)} = \begin{vmatrix} \sin\theta\cos\varphi & r\cos\theta\cos\varphi & -r\sin\theta\sin\varphi \\ \sin\theta\sin\varphi & r\cos\theta\sin\varphi & r\sin\theta\cos\varphi \\ \cos\theta & -r\sin\theta & 0 \end{vmatrix}$$

$$= r^2\sin\theta \begin{vmatrix} \sin\theta\cos\varphi & \cos\theta\cos\varphi & -\sin\varphi \\ \sin\theta\sin\varphi & \cos\theta\sin\varphi & \cos\varphi \\ \cos\theta & -\sin\theta & 0 \end{vmatrix}$$

$$= r^2\sin\theta \left\{ \sin^2\theta\sin^2\varphi + \cos^2\theta\cos^2\varphi + \cos^2\theta\sin^2\varphi \right.$$
$$\left. + \sin^2\theta\cos^2\varphi \right\}$$

$$= r^2\sin\theta$$

例2 $\begin{cases} u = u(x,y) \\ v = v(x,y) \end{cases}$ $\begin{cases} s = s(u,v) \\ t = t(u,v) \end{cases}$ なる 2 つの写像の合成写像

$$\begin{cases} s = s(u(x,y), \quad v(x,y)) \\ t = t(u(x,y), \quad v(x,y)) \end{cases}$$

の関数行列式は

公式 $\dfrac{\partial(s,t)}{\partial(x,y)} = \dfrac{\partial(u,v)}{\partial(x,y)}\dfrac{\partial(s,t)}{\partial(u,v)}$ をみたす

解 $s_x = s_u u_x + s_v v_x, \quad s_y = s_u u_y + s_v v_y,$
$t_x = t_u u_x + t_v v_x, \quad t_y = t_u u_y + t_v v_y$

行列式の積の性質を利用して

$$\begin{vmatrix} s_u & s_v \\ t_u & t_v \end{vmatrix} \begin{vmatrix} u_x & u_y \\ v_x & v_y \end{vmatrix} = \begin{vmatrix} s_u u_x + s_v v_x & s_u u_y + s_v v_y \\ t_u u_x + t_v v_x & t_u u_y + t_v v_y \end{vmatrix} = \begin{vmatrix} s_x & s_y \\ t_x & t_y \end{vmatrix}$$

例3 写像 $f \begin{cases} x = x(u,v) \\ y = y(u,v) \end{cases}$ が逆写像 $f^{-1} \begin{cases} u = u(x,y) \\ v = v(x,y) \end{cases}$ をもつとき, f^{-1} のヤコビアンを求めよ.

解 f と f^{-1} の合成写像 $f^{-1} \cdot f$ は $\begin{cases} u = u(x(u,v), y(u,v)) \\ v = v(x(u,v), y(u,v)) \end{cases}$ で恒等写像であるからそのヤコビアンは $\begin{vmatrix} 1 & 0 \\ 0 & 1 \end{vmatrix} = 1$ である.

例2により

$$\dfrac{\partial(x,y)}{\partial(u,v)}\dfrac{\partial(u,v)}{\partial(x,y)} = 1 \text{よって} \dfrac{\partial(u,v)}{\partial(x,y)} = \dfrac{1}{\frac{\partial(x,y)}{\partial(u,v)}} \text{である.}$$

例 1～例 3 は重積分，3 重積分の求め方に利用される．

陰関数定理の連立型への拡張としてつぎの定理をまずのべる．

定理（連立型陰関数定理）

F と G を 3 変数の C^1 級関数とし，

$$F(x,y,z) = 0, G(x,y,z) = 0$$

なる 2 つ式をみたす (x,y,z) の集合にぞくする点 (a,b,c) において $\dfrac{\partial(F,G)}{\partial(y,z)}(a,b,c) \neq 0$ と仮定するとある C^1 級の関数の組 f,g が $x = a$ を含む近傍で定義され，

$$F(x,f(x),g(x)) = 0, \quad G(x,f(x),g(x)) = 0$$

をみたす．

このとき

$$\frac{dy}{dx} = -\frac{\frac{\partial(F,G)}{\partial(x,z)}}{\frac{\partial(F,G)}{\partial(y,z)}}, \quad \frac{dz}{dx} = -\frac{\frac{\partial(F,G)}{\partial(y,x)}}{\frac{\partial(F,G)}{\partial(y,z)}}$$

である．

説明　第 6 章の陰関数定理をこの定理の形にかくと

$$F(x,y,z) \equiv z - F(x,y) = 0$$

$$G(x,y,z) \equiv z = 0$$

$\dfrac{\partial(F,G)}{\partial(y,z)} = \begin{vmatrix} -F_y & 1 \\ 0 & 1 \end{vmatrix} \neq 0$ で $\dfrac{\partial(F,G)}{\partial(y,z)} \neq 0$ は丁度横断条件にあた

る．つまり陰関数定理の場合を一般化して 2 つ曲面の交わりのつくる空間曲線の表示を得ようとしているのであり，その交わりにおける両者の接平面

$$F_x \cdot (X - x) + F_y \cdot (Y - y) + F_z \cdot (Z - z) = 0$$

$$G_x \cdot (X - x) + G_y \cdot (Y - y) + G_z \cdot (Z - z) = 0$$

82

が一致せずに $\theta \neq 0$ の角を持って交わるための十分条件が $(F_y, F_z), (G_y, G_z)$ が比例しないことすなわち $\frac{\partial(F,G)}{\partial(y,z)} \neq 0$ にあたる。この2つ平面が一致しないための必要かつ十分な条件は行列 $\begin{pmatrix} F_x & F_y & F_z \\ G_x & G_y & G_z \end{pmatrix}$ の2つの行ベクトルが比例しないことであり

$$\left|\frac{\partial(F,G)}{\partial(x,y)}\right|^2 + \left|\frac{\partial(F,G)}{\partial(y,z)}\right|^2 + \left|\frac{\partial(F,G)}{\partial(x,z)}\right|^2 \neq 0$$

でもある。

　したがって定理は y,z の組を y,x および x,z にとりかえても各々成立する訳である。

　定理の証明は陰関数定理を2回くりかえすので初学者にはちょっと大変なものだがその概要を記そう。

　$\frac{\partial(F,G)}{\partial(y,z)} = F_y G_z - F_z G_y \neq 0$ が (a,b,c) で成立するから，$F_y(a,b,c)$ と $F_z(a,b,c)$ のどちらかは0でない。$F_y(a,b,c) \neq 0$ と仮定し，$F(x,y,z) = 0$ に一般化された陰関数定理を適用すると (a,b) の近くで，$F(x,y,\varphi(x,y)) = 0, \varphi(a,b) = c$ をみたす $z = \varphi(a,b)$ が存在し，$\varphi_y = -\frac{F_y}{F_z}$ である。φ を $G(x,y,z)$ に代入して $\psi(x,y) \equiv G(x,y,\varphi(x,y)) = 0$ をしらべると

$$\psi_y = G_y + G_z \varphi_y = \frac{-\frac{\partial(F,G)}{\partial(y,z)}}{F_z} \neq 0, \text{また} \psi(a,b) = 0$$

したがって $\psi(x,y) = 0$ に点 a のわりでの陰関数 $y = f(x)$ が存在して $b = f(a)$,

$$\psi(x,f(x)) = G(x,f(x),\varphi(x,f(x)) = G(x,f(x),g(x)) = 0$$

ここで $g(x) \equiv \varphi(x,f(x))$ とおく。

　一方 $F(x,f(x),g(x) = F(x,f(x),\varphi(x,y)) = 0$ でもあるから $f(x), g(x)$ の存在は示された。微係数は直接計算によって求められる。

　上の定理をさらに一般化したつぎの定理が必要なのである．証明
は同様なので省略しよう．

　定理　$F_1(x_1,\cdots,x_n,y_1,\cdots,y_m)=0$
$$\vdots$$
　　　　　$F_m(x_1,\cdots,x_n,y_1,\cdots,y_m)=0$
が成立し，$F_1,\cdots,F_m$ はすべて $n+m$ 変数の C^1 級関数とする．

　いま $F_1,\cdots,F_m$ の共通定義域の内点 $(a_1,\cdots a_n,b_1,\cdots,b_m)$ において
$F_i(a_1,\cdots,a_n,b_1,\cdots,b_n)=0 \quad i=1,\cdots,m$ が成立し，
$$\frac{\partial(F_1,\cdots,F_m)}{\partial(y_1,\cdots,y_m)}\neq 0$$
が成立するとする．

　このとき $(a_1,\cdots,a_n)$ のちかくで定義された C^1 級の関数
$y_i=f_i(x_1,\cdots,x_n),i=1,\cdots,m$ が存在して，
$$F_i(x_1,\cdots,x_n,f_1(x_1,\cdots,x_n),\cdots,f_m(x_1,\cdots,x_n))=0$$
$$f_i(a,\cdots,a_n)=b_i$$
をみたす．また
$$\frac{\partial y_i}{\partial x_k}=\frac{-\dfrac{\partial(F_1,\cdots,F_m)}{\partial(y_1,\cdots,x_k\cdots,y_m)}}{\dfrac{\partial(F_1,\cdots,F_m)}{\partial(y_1,\cdots,y_m)}}$$
である．

　さてヤコビアンを利用する最大の目標である逆写像の存在定理を
2 変数の場合にのべておこう．

　定理（逆写像の局所的存在定理）
$$\begin{cases}y_1=f_1(x_1,x_2)\\y_2=f_2(x_1,x_2)\end{cases}$$ を C^1 級の写像で $\dfrac{\partial(f_1,f_2)}{\partial(x_1,x_2)}(a_1,a_2)\neq 0$ とす
ると (a_1,a_2) の近傍で 1:1 である．

84

説明　$F_1 \equiv f_1(x_1, x_2) - y_1 = 0, F_2 \equiv f_2(x_1, x_2) - y_2 = 0$ とおき，前定理の x と y とをとりかえて利用すると，近傍で $x_i = g_i(y_1, y_2)$ と表わすことが出来る．

> **注**　上の一対一の性質は局所的であって必ずしも全体として $1:1$ とはかぎらない．つぎの例はそれを示す．

例3　（第8章参照）複素数 z に複素数 $w = z^2$ を対応させる．

$$w = z^2 = (x^2 + iy)^2 = x^2 - y^2 + (2xy)i$$

$w = u + iv$ とおくと

$$\begin{cases} u = x^2 - y^2 \\ v = 2xy \end{cases} \text{であり} \frac{\partial(u,v)}{\partial(x,y)} = \begin{vmatrix} 2x & -2y \\ 2y & 2x \end{vmatrix} = 4(x^2 + y^2)$$

である．原点ではヤコビアンが0なのでそれを避け，複素平面の単位円の外側を定義域として上の写像を考えよう．ヤコビアンは0でなく，しかも C^1 級の写像であるが1対10写像ではない．xy 平面上の $(2,2)$ と $(-2,-2)$ は共に uv 平面上の $(0,4)$ に写像される．実はこの写像は2対1なのである．

一般に $u = u(x,y), v = v(x,y)$ の写像で $\frac{\partial(u,v)}{\partial(x,y)} = 0$ の点 (x,y) は**特異点**または**臨界点**を呼ばれる．特異点の集合が孤立点の場合，曲線の場合等いろいろのケースがあるが，曲線の場合，写像の像はこの**曲線の像を境にして折りかえし**になっていること

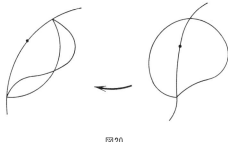

図20

が多い．つぎの例を参考にして大体の事情を頭に入れて欲しい．

　例 4　1) $\begin{cases} u = x^2 \\ v = y \end{cases}$　　2) $\begin{cases} u = x^3 \\ v = y \end{cases}$

なる写像の臨界集合を求め，その近くでの写像の様子を調べよ．

　解　　i) $\dfrac{\partial(u,v)}{\partial(x,y)} = \begin{vmatrix} 2x & 0 \\ 0 & 1 \end{vmatrix} = 2x,$

　$x = 0$ より臨界点の集合は y 軸であり，xy 全平面が 2 対 1 で uv 平面の第 1，第 2 象限にうつっている．臨界点の両側でヤコビアンの負号が変っている．

　ii) $\dfrac{\partial(u,v)}{\partial(x,y)} = \begin{vmatrix} 3x^2 & 0 \\ 0 & 1 \end{vmatrix} = 3x^2$

　臨界点の集合は y 軸であるが，xy 平面と uv 平面は 1 対 1 の対応である．この場合ヤコビアンの符号は臨界集合の両側で変らない．

　　　　　　　　　　　　　　　　　　　　　　　　　了．

　一般に臨界点の両側でヤコビアンの符号が同一か反対であるかに従って，前者では折り返えさず，後者では折り返えしとして写像する．これは 1 変数の微分可能な関数について極値，変曲点のいずれかを $\dfrac{\partial f}{\partial x} = 0$ の点について判定するしかたと同一である．

　ヤコビアンの応用として**関数関係**があるが，この本では省略したい．（演習問題 B-8 参照）

第 8 章

複素関数の微分法，
コーシー・リーマン

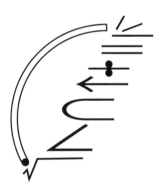

　複素数 $z = x + iy$ を xy 平面上の点 (x, y) と同一視しよう．この同一視の下で x 軸，y 軸，xy 平面は**実軸**，**虚軸**，**複素平面**，またはガウスの平面とよばれる．$z_1 = x_1 + iy_1$ と $z_2 = x_2 + iy_2$ に対してその絶対値を使って $|z_1 - z_2|$ を計算すると $\sqrt{(x_1 - x_2)^2 + (y_1 - y_2)^2}$ に一致し (x_1, y_2) と (x_2, y_2) の間の距離を表わす．

　$z = x + iy$ のとき，2 変数関数 $f(x, y)$ を $f(z)$ と同一のものとみなして構わない．今後関数はこの章にかぎり複素数値とする．複素関数を $w = f(z)$ と書き，2 つの複素平面を用意して z 平面の点 z に対して w 平面の点 w を対応させる写像とみよう．$w = u + iv, z = x + iy$ とおく．$w = f(z)$ の実部および虚部を考えることにより

$$u = f_1(x, y)$$
$$v = f_2(x, y)$$

なる写像が与えられる．

　$z \to z_0$ とは，z を (x, y)，z_0 を (x_0, y_0) で表わしたときの $(x, y) \to (x_0, y_0)$ と同一の意味とする．2 点間の距離は $|z - z_0|$ でも表わされるので $|z - z_0| \to 0$ とも一致する．

　定義　$w = f(z)$ が $z = z_0$ で**微分可能**というのは

$$\lim_{z \to z_0} \frac{f(z) - f(z_0)}{z - z_0}$$

が存在することとし，その極限を $f'(z_0)$ と書いて $f(z)$ の $z = z_0$ における**微分係数**という．

　上の定義が形式的に実変数関数の微分の定義と一致しているので似た性質も多い．例えば

　$f(z), g(z)$ が微分可能なら $c_1 f(z) + c_2 g(z)$ もまた微分可能，$f(z), g(z), \dfrac{f(z)}{g(z)}, (g \neq 0)$ もまた微分可能などは全く同じ

である．

　それでは全く同じ性質を持つかというとこれは非常に違っている．この章の目標はその違いについて語ることである．まず微分の定義における $\lim_{z \to z_0}$ は近づく仕方に無関係に極限がさだまることを要求したものであり，これが非常に強い条件になる．いま $z = x + iy, z_0 = x_0 + iy_0, f(z) = u(x, y) + iv(x, y)$ としたとき，$f'(z_0) = a + ib$ とおくと $f'(z_0)$ が存在する必要条件として

$$u(x, y) + iv(x, y) - \{u(x_0, y_0) + iv(x_0, y_0)\}$$
$$= (a + ib)((x - x_0) + i(y - y_0)) + o\left(\sqrt{(x - x_0)^2 + (y - y_0)^2}\right)$$

が成立する．

　この条件を実部と虚部にわけると

$$u(x, y) = u(x_0, y_0) + a(x - x_0) - b(y - y_0)$$
$$+ o\left(\sqrt{(x - x_0)^2 + (y - y_0)^2}\right)$$
$$v(x, y) = v(x_0, y_0) + b(x - x_0) + a(y - y_0)$$
$$+ o\left(\sqrt{(x - x_0)^2 + (y - y_0)^2}\right)$$

となる，高次の項の実部虚部はまた高次の項であるから．

　すなわち複素微分可能な関数の実部と虚部は全微分可能であり，$\left(u_x(x_0, y_0) = a, u_y(x_0, y_0) = -b, v_x(x_0, y_0) = b, v_y(x_0, y_0) = a\right.$ となる．

　したがって $u_x = v_y, u_y = -v_x$ なる関係式を持つ．

　逆に $f(x, y)$ の実部と虚部 $(u(x, y), v(x, y))$ が (x_0, y_0) で全微分可能で上の関係式をみたすなら複素微分可能であることが容易にたしかめられる．

　関数 $w = f(z)$ が複素平面の領域 D を定義域とし，その各点で複素微分可能のとき f は D で**正則**であるという．正則とは領域で微分可能のときに限り 1 点で微分可能のときは正則といわない．これ

に対して**一点で正則**であるということは，その点を含むある近傍で正則であることを象徴的に表現すると約束する．

　領域で上の関係式がみたされる全微分可能な関数 u, v を実部虚部として持つ関数を正則関数（D で）といってもよい訳である．このような場合上の関係式は偏微分方程式と考えられ，**コーシー・リーマンの微分方程式**と呼ばれる．

　偏微分の計算に登場した関数のうちいくつかがここで登場する．

例 1　ⅰ）$f(z) = \log\sqrt{x^2+y^2} + i\,\mathrm{Tan}^{-1}\dfrac{y}{x}$ は定義域で正則である．

　ⅱ）$f(z) = x - iy$ はどの点においても正則でない．

解　ⅰ）第 3 章の例題で $\log\sqrt{x^2+y^2}$, $\mathrm{Tan}^{-1}\dfrac{y}{x}$ の偏導関数は計算されており容易にコーシー・リーマンをみたすことが示される．また全微分可能も容易に示される．

　ⅱ）$u = x, v = -y$ とおくと，$u_x \neq v_y$.

例 2　D で正則な関数 $f(z)$ がつぎの 3 つ条件のうち 1 つをみたすならば $f(z)$ は定数である．

　ⅰ）D で $f'(z) \equiv 0$

　ⅱ）D で $\mathrm{Re}\,f(z) \equiv$ 定数または $\mathrm{Im}\,f(z) =$ 定数（**Re は実部，Im は虚部**）

　ⅲ）D で $|f(z)| \equiv$ 定数

解　ⅰ）は自明ではない．f の実，虚部を u, v とするとき，$f'(z) = a + ib = u_x + iv_x = v_y - iu_y$ であったから $f'(z) = 0$ より $u_x = u_y = 0$, $v_x = y_y = 0$, よって 2 変数の平均値定理より $u =$ 定数，$v =$ 定数，したがって $f = u + iv$ も複素定数である．

　ⅱ）$\mathrm{Re}\,f =$ 定数なら $\mathrm{Re}\,f = u$ とおいて $u_x = u_y = 0$, コーシー・

リーマンより $v_x = v_y = 0, \operatorname{Im} f$ も定数，したがって $f(z)$ も定数である．

iii）$|f(z)|^2 = u^2 + v^2 = $ 定数．この式の偏微分により

$$uu_x + vv_x = 0, \quad uu_x + vv_y = 0$$

$u \neq 0, v \neq 0$ の場合を考えると十分であるが，このとき $0 = u_x v_y - u_y v_x = {u_x}^2 + {v_y}^2 = |f'(z)|^2$，よって $f'(z) = 0$ で i ）に帰着した．

等角写像

正則関数の持っている性質をもう一つのべておこう．まず複素平面上に接線を持つ曲線 $z = \varphi(t), a \leqq t \leqq b$，を考える．この曲線を正則関数 $w = f(z)$ によって $w = f(\varphi(t)), a \leqq t \leqq b$ として w-平面上の曲線に写す．正則関数は前節により全微分可能であるから $f'(z) \neq 0$ をみたすかぎり像曲線も接線を持つ．

いま z_0 を通る 2つの 曲線を接線を持つものとして下図のようにとると，

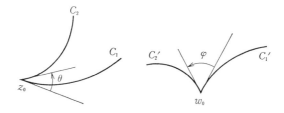

図21

各々の f による像曲線もまた $f(z_0)$ を通る曲線であり，$f(z_0)$ において接線を持つがこのときつぎの定理が成立する．

定理（等角性） $w = f(z)$ が z_0 で微分可能で $f'(z_0) \neq 0$ とする. z_0 で接線をもつ 2 つ曲線が角 θ で交っているとき，それらの像曲線も $w_0 = f(z_0)$ で角 θ で（向きもこめて）交わる.

説明 z_0 を通る 2 つ曲線を $z_1 = z_1(t), z_2 = z_2(t), z_0 = z_i(0)$ $0 \leqq t \leqq 1$ とおく. 複素数の偏角を arg で表わすと

$$\theta = \lim_{t \to 0} \arg \left\{ \frac{z_2(t) - z_0}{z_1(t) - z_0} \right\}, \varphi = \lim_{t \to 0} \arg \left\{ \frac{f(z_2(t)) - f(z_0)}{f(z_1(t)) - f(z_0)} \right\}$$

とおくと,

$$\varphi = \lim_{t \to 0} \left\{ \arg \frac{\dfrac{f(z_2) - f(z_1)}{z_2 - z_0}}{\dfrac{f(z_1) - f(z_0)}{z_1 - z_0}} + \arg \left(\frac{z - z_0}{z_1 - z_0} \right) \right\}$$

第一項の極限は 1 ，第 2 項の極限は θ であり， $\varphi = \theta$ となる. $\sin z, \cos z, e^z$ は正則関数の例としてつぎの様に定義される.

まず e^z を $e^z = e^x(\cos y + \sin y)$ （ただし $z = x + iy$）とおく. $e^z = u + iv$ とおくと $u = e^x \cos y, v = e^x \sin y$ でコーシー・リーマンの条件をみたす. e^z は全平面で定義された正則関数である.

$$\cos z = \frac{e^{iz} + e^{-iz}}{2}, \sin z = \frac{e^{iz} - e^{-iz}}{2i}$$

で $\cos z, \sin z$ を定義すると，全平面で正則な関数である.

公式 $(e^z)' = e^z, (\cos z)' = -\sin z, (\sin z)' = \cos z$ は成立するが， $|\sin z| \leqq 1, |\cos z| \leqq 1$ はもはや成り立たない.

これ以上は複素関数論の領域である. 微積分学の後半（重積分）を終えた後にこの勉強に進まれたい. 流体力学や電磁気学への応用とあいまって一段と展望が開け，楽しい数学分野である.

第 9 章

ベクトル場の微分法

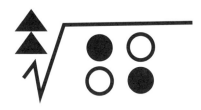

　ベクトル解析は電磁気学や流体力学等古典物理学の表現型式であり，工科系の学生によっては必須の科目である．内容は偏微分法そのものといってもよいほどであるが，物理的にいうと対称性，数学の言葉でいうと直交群の変換での不変な性質が大きく位置を占め，微積分とは少しセンスが変ってくる．種々の微分演算子が新しい不変量を定義していくところに目をつけながら読んでほしい．

　3次元空間内に**中心**を O，座標の基ベクトル i, j, k のつくる右手系の直交基または直交座標系をとり，$\Lambda(i, j, k)$ で表わす．空間内の任意のベクトル A は

$$A = a_1 i + a_2 j + a_3 k$$

と一意的に表わされる．(a_1, a_2, a_3) はベクトル A を線分 $\overline{OP}$ で表わすときの端点 P の座標でもある．2つのベクトル $A = (a_1, a_2, a_3)$, $B = (b_1, b_2, b_3)$ に対して**内積** (A, B) または $A \cdot B$, **外積** $A \times B$

$$A \cdot B = (A, B) = a_1 b_1 + a_2 b_2 + a_3 b_3,$$

$$A \times B = \left(\begin{vmatrix} a_2 & a_3 \\ b_2 & b_3 \end{vmatrix}, \begin{vmatrix} a_3 & a_1 \\ b_3 & b_1 \end{vmatrix}, \begin{vmatrix} a_1 & a_2 \\ b_1 & b_2 \end{vmatrix} \right)$$

で与える．

　内積は座標系の変換，すなわち他の直交座標にうつっても変らず，外積は向きを変えない直交変換によって不変である．以下にそれを示そう．

　i', j', k' を他の直交基とする．2つの直交基の間に

$$i = l_1 i' + m_1 j' + n_1 k'$$

$$j = l_2 i' + m_2 j' + n_2 k'$$

$$k = l_3 i' + m_3 j' + n_3 k'$$

の関係があるとしてよい．直交基は 3 の互い直交する長さ 1 のベクトルだから次式が成立する．

$$(\boldsymbol{i}_1, \boldsymbol{i}_1) = l_1{}^2 + m_1{}^2 + n_1{}^2 = 1 \quad (\boldsymbol{i}_1, \boldsymbol{i}_2) = l_1 l_2 + m_1 m_2 + n_1 n_2 = 0$$
$$(\boldsymbol{i}_2, \boldsymbol{i}_2) = l_2{}^2 + m_2{}^2 + n_2{}^2 = 1 \quad (\boldsymbol{i}_2, \boldsymbol{i}_3) = l_2 l_3 + m_2 m_3 + n_2 n_3 = 0$$
$$(\boldsymbol{i}_3, \boldsymbol{i}_3) = l_3{}^2 + m_3{}^2 + n_3{}^2 = 1 \quad (\boldsymbol{i}_3, \boldsymbol{i}_1) = l_3 l_1 + m_3 m_1 + n_3 n_1 = 0$$

ベクトル $\boldsymbol{A}$ の両方の座標系に関する成分表示を

$$\boldsymbol{A} = a_1 \boldsymbol{i} + a_2 \boldsymbol{j} + a_3 \boldsymbol{k} = a_1{}' \boldsymbol{i}' + a_2{}' \boldsymbol{j}' + a_3{}' \boldsymbol{k}'$$

ベクトル $\boldsymbol{B}$ のとれを

$$\boldsymbol{B} = b_1 \boldsymbol{i} + b_2 \boldsymbol{j} + b_1 \boldsymbol{k} = b_1{}' \boldsymbol{i}' + b_2{}' \boldsymbol{j}' + b_3{}' \boldsymbol{k}'$$

とすると，$\boldsymbol{i}$ と $\boldsymbol{i}'$ の関係式を代入することによって

$$a_1{}' = a_1 l_1 + a_2 l_2 + a_3 l_3 \qquad b_1{}' = b_1 l_1 + b_2 l_2 + b_3 l_3$$
$$a_2{}' = a_1 m_1 + a_2 m_2 + a_3 m_3 \quad b_2{}' = b_1 m_1 + b_2 m_2 + b_3 m_3$$
$$a_3{}' = a_1 n_1 + a_2 n_2 + a_3 n_3 \qquad b_3{}' = b_1 n_1 + b_2 n_2 + b_3 n_3$$

が得られ，これらの式からつぎの 2 式が得られる．

$$(\boldsymbol{A}, \boldsymbol{B})^\circ = a_1' b_1{}' + a_2' b_2{}' + a_3' b_3{}' = a_1 b_1 + a_2 b_2 + a_3 b_3 = (\boldsymbol{A}, \boldsymbol{B})$$

$$\boldsymbol{A} \overset{\circ}{\times} \boldsymbol{B} = \begin{vmatrix} \boldsymbol{i}' & \boldsymbol{j}' & \boldsymbol{k}' \\ a_1{}' & a_2{}' & a_3{}' \\ b_1{}' & b_2{}' & b_3{}' \end{vmatrix} = \begin{vmatrix} \boldsymbol{i} & \boldsymbol{j} & \boldsymbol{k} \\ a_1 & a_2 & a_3 \\ b_1 & b_2 & b_3 \end{vmatrix} \begin{vmatrix} l_1 & m_1 & n_1 \\ l_2 & m_2 & n_2 \\ l_3 & m_3 & n_3 \end{vmatrix} = \begin{vmatrix} \boldsymbol{i} & \boldsymbol{j} & \boldsymbol{k} \\ a_1 & a_2 & a_3 \\ b_1 & b_1 & b_3 \end{vmatrix} = \boldsymbol{A} \times \boldsymbol{B}$$

ここで $(\boldsymbol{A}, \boldsymbol{B})^\circ, \boldsymbol{A} \overset{\circ}{\times} \boldsymbol{B}$ は新しい座標系に関して，定義した内積，外積を便宜上表わす記号である．

注意 $\begin{vmatrix} l_1 & m_1 & n_1 \\ l_2 & m_2 & n_2 \\ l_3 & m_3 & n_3 \end{vmatrix} = +1$ が向きを変えない変換を特徴づける．

スカラー場とベクトル場

3次元空間内の領域で定義された実数値関数 $D \ni P \to f(P) \in \boldsymbol{R}$ を**スカラー場**という．スカラー場と関数 $f(x, y, z)$ は同じものであろうか．これを説明した書物はすくないように見える．

空間に座標系 $\wedge(O, \boldsymbol{i}, \boldsymbol{j}, \boldsymbol{k})$ を導入したとき P の座標を (x, y, z)，他の座標系 $\wedge(O', \boldsymbol{i}', \boldsymbol{j}', \boldsymbol{k}')$ を導入したとき，同じ P の座標を (x', y', z') とする．このとき関数も各座標系に関して

$$f(P) = f_1(x, y, z) = f_2(x', y', z')$$

と $\boldsymbol{R}^3 \to \boldsymbol{R}$ の写像 f_1, f_2 で各々表わされる．

したがってある座標系の下で関数 $f_1(x, y, z)$ が与えられたとしても，それでスカラーが定義されたとはいわないのである．座標変換と各座標系における関数の表現がすべて与えられるとき，スカラーであるかどうか関心が寄せられるのである．

例1 直交座標系 $\wedge(O, \boldsymbol{i}, \boldsymbol{j}, \boldsymbol{k})$ においてすべての点にその第1座標 x を対応させる写像はスカラー場といえるか？

答は一意に定まらない（通常は否定的である）この関数を他の座標系（例えば $\frac{1}{7}\pi$ の軸の回転をしたとき）で表現したときもはや第1成分への射影であり得ない．そして特定の直交系に優先権を認めない．例えば物理学の立場からはスカラーでないのである．これに反して他の座標系でも何らかの関数としての表現があれば，それを採用してスカラーとみなす立場もあり，この意味ではスカラーの定義はかなり流動的である．

ベクトル解析は物理学の伝統をになっているものであり，座標に関して表現されたもののうち，座標変換のある集合に対して**不変**なものにのみ目を向けるこの考えだけは判って欲しい．

　　領域 D を定義域とし空間内のベクトルの集合を値域とする写像を**ベクトル場という**．いいかえると空間の各点にベクトルが定義されていることである．

　　$\wedge(O, \boldsymbol{i}, \boldsymbol{j}, \boldsymbol{k})$ に関して P の座標を $\boldsymbol{i}, \boldsymbol{j}, \boldsymbol{k}$ とすれば，

$$\boldsymbol{A}(\mathrm{P}) = A_1(x, y, z)\boldsymbol{i} + A_2(x, y, z)\boldsymbol{j} + A_3(x, y, z)\boldsymbol{k}$$

と表わされ，$A_i(x, y, z)$ はスカラーである．

　　例 1　スカラー場の $A(O, \boldsymbol{i}, \boldsymbol{j}, \boldsymbol{k})$ に関する表現を $f(x, y, z)$ とするとき
$$\frac{\partial}{\partial x}f(x, y, z)\boldsymbol{i} + \frac{\partial}{\partial y}f(x, y, z)\boldsymbol{j} + \frac{\partial}{\partial z}f(x, y, z)\boldsymbol{k}$$
は座標系のとり方に関係しない．

　　解　座標系の変換と基ベクトルの変換をつぎのようにおく．

$$x' = l_1 x + l_2 y + l_3 z + l_0 \qquad \boldsymbol{i} = l_1 \boldsymbol{i'} + m_1 \boldsymbol{j'} + n_1 \boldsymbol{k'}$$
$$y' = m_1 x + m_2 y + m_3 z + m_0 \quad \boldsymbol{j} = l_2 \boldsymbol{j'} + m_2 \boldsymbol{j'} + n_2 \boldsymbol{k'}$$
$$z' = n_1 x + n_2 y + n_3 z + n_0 \qquad \boldsymbol{k} = l_3 \boldsymbol{i'} + m_3 \boldsymbol{j'} + n_3 \boldsymbol{k'}$$

ここで $\begin{pmatrix} l_1 & l_2 & l_3 \\ m_1 & m_2 & m_3 \\ n_1 & n_2 & n_3 \end{pmatrix}^{-1} = \begin{pmatrix} l_1 & m_1 & n_1 \\ l_2 & m_2 & n_2 \\ l_3 & m_3 & n_3 \end{pmatrix}$

よって，連鎖律と基ベクトルの変換によって

$$\frac{\partial}{\partial x}f(x, y, z) \cdot \boldsymbol{i} + \frac{\partial}{\partial y}f(x, y, z) \cdot \boldsymbol{j} + \frac{\partial}{\partial z}f(x, y, z) \cdot \boldsymbol{k}$$
$$= \left\{ \frac{\partial}{\partial x'}f'(x', y', z')\, l_1 + \frac{\partial}{\partial y'}f'(x', y', z')\, m_1 \right.$$
$$\left. + \frac{\partial}{\partial z'}f'(x', y', z')\, n_1 \right\} (l_1 \boldsymbol{i'} + m_1 \boldsymbol{j'} + n_1 \boldsymbol{k'})$$

$$+\left\{\frac{\partial}{\partial x'}f'\left(x',y',z'\right)l_2+\frac{\partial}{\partial y'}f'\left(x',y',z'\right)m_2\right.$$

$$\left.+\frac{\partial}{\partial z'}f'\left(x',y',z'\right)n_2\right\}\left(l_2\boldsymbol{i'}+m_2\boldsymbol{j'}+n_2\boldsymbol{k'}\right)$$

$$+\left\{\frac{\partial}{\partial x'}f'\left(x',y',z'\right)l_3+\frac{\partial}{\partial y'}f'\left(x',y',z'\right)m_3\right.$$

$$\left.+\frac{\partial}{\partial z'}f'\left(x',y',z'\right)n_3\right\}\left(l_3\boldsymbol{i'}+m_3\boldsymbol{j'}+n_3\boldsymbol{k'}\right)$$

$$=\frac{\partial}{\partial x'}f'\left(x',y',z'\right)\boldsymbol{i'}+\frac{\partial}{\partial y'}f'\left(x',y',z'\right)\boldsymbol{j'}+\frac{\partial}{\partial z'}f'\left(x',y',z'\right)\boldsymbol{k'}$$

ただし $f(x(x',y',z'),y(x',y',z'),z(x',y',z'))=f'(x',y',z')$ とおく.

　上の例でスカラー場に随伴したベクトル場が定まったがこれをスカラー場 f の**勾配**といい，$\mathbf{grad}\,f$ または $\boldsymbol{\nabla}f$ で表わす.
（$\boldsymbol{\nabla}$：**nabla**）

　いま形式的な微分演算子 $\boldsymbol{\nabla}=\dfrac{\partial}{\partial x}\boldsymbol{i}+\dfrac{\partial}{\partial y}\boldsymbol{j}+\dfrac{\partial}{\partial z}\boldsymbol{k}$ をベクトルとみよう．$\boldsymbol{\nabla}$ が座標系のとり方に無関係に定義されることは上の例およびその証明と全く同様に示される．$\boldsymbol{\nabla}$ を**ハミルトン演算子**という.

　　例2　領域 D を定義域とするベクトル場 $\boldsymbol{A}=A_1\boldsymbol{i}+A_2\boldsymbol{j}+A_3\boldsymbol{k}$ に対し $\dfrac{\partial}{\partial x}A_1(x,y,z)+\dfrac{\partial}{\partial y}A_1(x,y,z)+\dfrac{\partial}{\partial z}A_3(x,y,z)$ は座標系のとり方に無関係に定義され，したがってスカラー場を定める.

　　解　$\dfrac{\partial}{\partial x}A_1(x,y,z)+\dfrac{\partial}{\partial y}A_2(x,y,z)+\dfrac{\partial}{\partial z}A_3(x,y,z)$

$$=\left(\frac{\partial}{\partial x}\boldsymbol{i}+\frac{\partial}{\partial y}\boldsymbol{j}+\frac{\partial}{\partial z}\boldsymbol{k}\right)\cdot\left(A_1\boldsymbol{i}+A_2\boldsymbol{j}+A_3\boldsymbol{k}\right)$$

$$=\left(\frac{\partial}{\partial x'^i}\boldsymbol{i'}+\frac{\partial}{\partial y'}\boldsymbol{j'}+\frac{\partial}{\partial z'}\boldsymbol{k'}\right)\cdot\left(A_1{'}\boldsymbol{i'}+A_2{'}\boldsymbol{j'}+A_3{'}\boldsymbol{k'}\right)$$

$$=\frac{\partial}{\partial x'^i}A_1{'}+\frac{\partial}{\partial y'}A_2{'}+\frac{\partial}{\partial y'}A_3{'}$$

$\dfrac{\partial A_1}{\partial x}+\dfrac{\partial A_2}{\partial y}+\dfrac{\partial A_3}{\partial z}$ をベクトル場 $\boldsymbol{A}$ の**発散**といい $\mathrm{div}\,\boldsymbol{A}$ で表わ

す. また $\boldsymbol{\nabla} \cdot \boldsymbol{A}$ とも表わす.

例 3　ベクトル場 $\boldsymbol{A} = A_1 \boldsymbol{i} + A_2 \boldsymbol{j} + A_3 \boldsymbol{k}$ に対して,

$$\left(\frac{\partial A_3}{\partial y} - \frac{\partial A_2}{\partial z}\right) \boldsymbol{i} + \left(\frac{\partial A_1}{\partial z} - \frac{\partial A_2}{\partial x}\right) \boldsymbol{j} + \left(\frac{\partial A_2}{\partial x} - \frac{\partial A_1}{\partial y}\right) \boldsymbol{k}$$

は座標系のとり方に無関係に一つのベクトル場を定義する.

　説明　ハミルトン演算子の不変性と外積の性質とから例 2 と大略同様に証明されるが直交座標系の向きを保つ変換によって不変なことが例 2 と違うところである. 例 3 のベクトル場を rot $\boldsymbol{A}$ と書き, ローテーションと云う.（計算は各自確かめよ.）

了.

　ハミルトン演算子 $\boldsymbol{\nabla}$ にてそれ自身との内積

$$\boldsymbol{\nabla} \cdot \boldsymbol{\nabla} = \left(\frac{\partial}{\partial x} \boldsymbol{i} + \frac{\partial}{\partial y} \boldsymbol{j} + \frac{\partial}{\partial z} \boldsymbol{k}\right) \cdot \left(\frac{\partial}{\partial x} \boldsymbol{i} + \frac{\partial}{\partial y} \boldsymbol{j} + \frac{\partial}{\partial z} \boldsymbol{k}\right)$$
$$= \frac{\partial^2}{\partial x^2} + \frac{\partial^2}{\partial y^2} + \frac{\partial^2}{\partial z^2}$$

を $\boldsymbol{\Delta}$ で表わし, **ラプラスの演算子**または**ラプラシアン**という. スカラー f に作用するとみるときは

$$\Delta f = \boldsymbol{\nabla}^2 f = \frac{\partial^2 f}{\partial x^2} + \frac{\partial^2 f}{\partial y^2} + \frac{\partial^2 f}{\partial z^2}$$

　偏微分の計算法で登場したラプラシアンであるが単なる演算子であるばかりか, 直交変換で変らない性質を持っていることに注意されたい.

例 4　つぎのベクトル場について発散および回転を求めよ.
　　ⅰ）$(\omega x, \omega y, 0)$　　　ω は定数
　　ⅱ）$(-\omega y, \omega x, 0)$
　　ⅲ）$\left(\log \sqrt{x^2 + y^2}, \mathrm{Tan}^{-1} \frac{y}{x}, 0\right)$

解　 i) $\operatorname{div}\boldsymbol{A} = \omega + \omega + 0 = 2\omega$ 　 $\operatorname{rot}\boldsymbol{A} = (0,0,0)$

ii) $\operatorname{div}\boldsymbol{A} = 0+0+0 = 0$ 　 $\operatorname{rot}\boldsymbol{A} = (0,0,2\omega)$

iii) $\operatorname{div}\boldsymbol{A} = \dfrac{2x}{(x^2+y^2)^2}$ 　 $\operatorname{rot}\boldsymbol{A} = \left(0,0,\dfrac{-2y}{x^2+y^2}\right)$

公式　a,b を定数，f,g をスカラー場，$\boldsymbol{A},\boldsymbol{B}$ をベクトル場とするとつぎの関係式が成り立つ．

1) $\boldsymbol{\nabla}(af+bg) = a\boldsymbol{\nabla}f + b\boldsymbol{\nabla}g$

2) $\boldsymbol{\nabla}(fg) = g\boldsymbol{\nabla}f + f\boldsymbol{\nabla}g$

3) $\operatorname{div}(f\cdot\boldsymbol{A}) = g\operatorname{div}\boldsymbol{A} + (\boldsymbol{\nabla}f)\cdot\boldsymbol{A}$

4) $\operatorname{rot}(f\cdot\boldsymbol{A}) = f\operatorname{rot}\boldsymbol{A} + \boldsymbol{\nabla}f\times\boldsymbol{A}$

5) $\operatorname{rot}\operatorname{grad}f = 0$

6) $\operatorname{div}\operatorname{rot}\boldsymbol{f} = 0$

7) $\operatorname{div}\operatorname{grad}\boldsymbol{f} = \varDelta\boldsymbol{f}$

解　1)，2) は微分の性質からただちに示される．

3) $\operatorname{div}(f\boldsymbol{A}) = \dfrac{\partial}{\partial x}(fA_1) + \dfrac{\partial}{\partial y}(fA_2) + \dfrac{\partial}{\partial z}(fA_3)$

$\qquad = f\left(\dfrac{\partial A_1}{\partial x} + \dfrac{\partial A_2}{\partial y} + \dfrac{\partial A_3}{\partial z}\right)$

$\qquad\quad + A_1\dfrac{\partial f}{\partial x} + A_2\dfrac{\partial f}{\partial y} + A_3\dfrac{\partial f}{\partial z}$

$\qquad = f\operatorname{div}\boldsymbol{A} + (\boldsymbol{\nabla}f)\cdot\boldsymbol{A}$

4) $\operatorname{rot}(f\cdot\boldsymbol{A}) = \left(\dfrac{\partial(fA_3)}{\partial y} - \dfrac{\partial(fA_2)}{\partial z}\right)\boldsymbol{i} + \left(\dfrac{\partial(fA_1)}{\partial z} - \dfrac{\partial(fA_3)}{\partial x}\right)\boldsymbol{j}$

$\qquad\quad + \left(\dfrac{\partial(fA_2)}{\partial x} - \dfrac{\partial(fA_1)}{\partial y}\right)\boldsymbol{k}$

$\qquad = f\operatorname{rot}\boldsymbol{A} + \left(\dfrac{\partial f}{\partial y}A_3 - \dfrac{\partial f}{\partial z}A_2\right)\boldsymbol{i}$

$\qquad\quad + \left(\dfrac{\partial f}{\partial z}A_1 - \dfrac{\partial f}{\partial x}A_3\right)\boldsymbol{j} + \left(\dfrac{\partial f}{\partial x}A_2 - \dfrac{\partial f}{\partial y}A_1\right)\boldsymbol{k}$

$\qquad = f\operatorname{rot}\boldsymbol{A} + \boldsymbol{\nabla}f\times\boldsymbol{A}$

5) 6) 7) は容易である．

平面上のベクトル解析

平面上に直交座標系 $\wedge(O, \boldsymbol{i}, \boldsymbol{j})$ を入れ，ベクトル場を

$$\boldsymbol{A}(x, y) = A_1(x, y)\boldsymbol{i} + A_2(x, y)\boldsymbol{j}$$

と成分表示が出来る.

平面上でも **ハミルトン演算子** $\boldsymbol{\nabla} = \dfrac{\partial}{\partial x}\boldsymbol{i} + \dfrac{\partial}{\partial y}\boldsymbol{j}$ を導入し，$\boldsymbol{\nabla}f = \operatorname{grad} f = \dfrac{\partial}{\partial x}f \cdot \boldsymbol{i} + \dfrac{\partial}{\partial y}f \cdot \boldsymbol{j}$ を f の匂配という. 上のベクトル場 $\boldsymbol{A}$ に対して $\dfrac{\partial A_1}{\partial x} + \dfrac{\partial A_2}{\partial y}, \dfrac{\partial A_2}{\partial x} - \dfrac{\partial A_1}{\partial y}$ を $\boldsymbol{A}$ の**発散**，**回転**とそれぞれ呼び，$\operatorname{div}\boldsymbol{A}, \operatorname{rot}\boldsymbol{A}$ で表わす. $\Delta = \boldsymbol{\nabla} \cdot \boldsymbol{\nabla} = \dfrac{\partial^2}{\partial x^2} + \dfrac{\partial^2}{\partial y^2}$ で**ラプラシアン**を定義する.

例 5　つぎのベクトル場について発散，回転を求めよ.

ⅰ）$\boldsymbol{A} = (-\omega y, \omega x)$　　　　ⅱ）$\boldsymbol{A} = (\omega x, \omega y)$
ⅲ）$\boldsymbol{A} = (x^2 + y^2, 2xy)$

解　ⅰ）$\operatorname{div}\boldsymbol{A} = 0, \operatorname{rot}\boldsymbol{A} = 2\omega$
ⅱ）$\operatorname{div}\boldsymbol{A} = 0, \operatorname{rot}\boldsymbol{A} = 2\omega$　　　ⅲ）$\operatorname{div}\boldsymbol{A} = 4x, \operatorname{rot}\boldsymbol{A} = 0$

これ以上のベクトル解析の展開はこの本では無理である. ガウス，ストークス等の積分定理を学んだ後にベクトル積分学を学んで欲しい. 調和関数の持つ美しい性質を始め現代数学の根幹に触れる分野がそこにつづいている.

第 10 章

極値問題とその応用

　微分積分学の目的は多様であるが誰の目にも明らかな目標として極値問題がある．これ自身はさほど実用的なものでなく観念的な遊びに近いものであり，和算等においても研究の大きな動機を与えたものである．しかし微積分学のわく組内での極値問題のとりあつかいは方法論的に線型代数学とくに2次形式論との交流に，単に分析的ではない総合の面白さを持ち，又極値問題の一層の発展であるところの変分学を通じて解析力学，微分方程式の発展に寄与した基礎としての力強さが読みとられる．

　まず極値と最大値，最小値の定義を述べよう．領域 $D \subset \boldsymbol{R}^2$ を定義域とする2変数の連続関数 $f(x,y)$ が D の点 (a,b) で**極大値**（または**極小値**）をとるとは点 (a,b) のある近傍内の任意の点 (x,y) について，$f(x,y) < f(a,b), (f(x,y) > f(a,b))$ が成立することであり，$f(a,b)$ を極大値（極小値）という．上記の不等号の代りに $\leqq (\geqq)$ の場合も（**広い意味で**）**極値**といらことがある．

　また M が必ずしも領域でないとき，f の M における**極大**（**極小**）とは M 内の点 (a,b) のある近傍をとり，その近傍内の任意の M の点について，$f(x,y) < f(a,b)$（または $f(x,y) > f(a,b)$）のときについていうのである．M における**最大値**，**最小値**の意味も自然に定まる．最大値，最小値の存在についてはこの本のはじめに証明のアウトラインを紹介したつぎの定理をおもい出して欲しい．

　有界閉集合において定義された連続関数は最大値，最小値を持つ.

　以下では $f(x,y)$ をとの定義域 $\bar{D} = D \cup \partial D$ の内点では C^1 級，境界 ∂D では連続関数であるとする．

　1変数の微積分学で学んだように微分可能な $f(x)$ が $x = a$ で極値をとる必要条件は $\dfrac{df}{dx}(a) = 0$ である．2変数のときには点 $(a,b) \in D$ で極値をとるとき，$f_x(a,b) = f_y(a,b) = 0$ が明らかに結論される．しかし $f_x(a,b) = 0, f_y(a,b) = 0$ をみたす (a,b) は必ずしも極値をあたえない．

例 1　i）$z = x^2 + y^3$　　ii）$z = xy$　　iii）$z = x^4$
で $z_x = z_y = 0$ の点の近くのグラフの形状を調べよ.

　解　i）$z_x = z_y = 0$ の点は原点であり, 原点の近くでは
$y > -x^{\frac{2}{3}}, y = x^{\frac{2}{3}}, y < -x^{\frac{2}{3}}$ にしたがって f の値は正, 0, 負の値を
とる. 極値をとらない.
　ii）$(0,0)$ のちかくは峠の様な形になっており, 極値ではない.
　iii）$z_x = z_y = 0$ の点は y 軸, y 軸以外の点では $z > 0$, y 軸上で
（広い意味の）最小値をとる.

　$f(x,y)$ の極値を与える点の候補として $f_x(x,y) = f_y(x,y) = 0$ の
点があがったのだが, 1 変数の場合と同じように 2 階偏導関数を
使って真に極値か否かを判定しよう. $f_x = f_y = 0$ の点を**臨界点**又
は**停留点**という.

定理（2 階偏導関数による臨界点の分類）

$f(x,y)$ が点 (x_0, y_0) の近傍で C^2 級, $df(x_0, y_0) = 0$ とする.
$$\Delta = \left(f_{xy}(x_0, y_0)\right)^2 - f_{xx}(x_0, y_0) f_{yy}(x_0, y_0) \text{ とおき,}$$
$\Delta > 0$ であれば, (x_0, y_0) は極値をとる点ではなく
$\Delta < 0$ 　$f_{xx}(x_0, y_0) > 0$ なら, (x_0, y_0) で f は極小
$\Delta < 0$ 　$f_{xx}(x_0, y_0) < 0$ なら, (x_0, y_0) で f は極大
$\Delta = 0$ の時は (x_0, y_0) が極値をとる点かどうか判らない.

　説明　$g(t) = f(x_0 + ht, y_0 + kt)$ とおくと g は t の C^2 級の関数で
あり, $g'(0) = 0$

$$g''(0) = f_{xx}(x_0, y_0) h^2 + 2 f_{xy}(x_0, y_0) hk + f_{yy}(x_0, y_0) k^2$$

1 変数のテイラー定理で**剰余**をラグランジュやコーシーでなく**積**

分表示で与えておこう．すなわち

$$g(1) = g(0) + g'(0) + \int_0^1 (1-t)g''(t)dt$$

（この等式は最後の項を部分積分で書きなおしても得られる．）

$$g''(t) = f_{xx}(x_0 + ht, y_0 + kt) h^2 + 2f_{xy}(x_0 + ht, y_0 + kt) hk$$
$$+ f_{yy}(x_0 + ht, y_0 + kt) k^2$$

となり h, k が小さいとき $\Delta < 0$ ならば f の C^2 級よりこの 2 次形式の判別式もまた負であり $f_{xx}(x_0 + ht, y_0 + kt)$ も，また $f_{xx}(x_0, y_0)$ と同符号である．

$\Delta < 0, h_{xx}(x_0, y_0) > 0$ のとき
$$f(x_0 + h, y_0 + k) - f(x_0, y_0) = g(1) - g(0) > 0.$$
$\Delta < 0$ かつ $f_{xx}(x_0, y_0) < 0$ のときも同様である．

$\Delta > 0$ のときは h, k のとり方によって $g(1) > g(0)$．または $g(0) > g(1)$ となるので極値ではない．

例2 i） $f(x, y) = xy(x^2 + y^2 - 1)$
ii） $f(x, y) = (y - x^2)^2 + x^5$
の極値を求む．

解 i） $f_x = 3yx^2 + y^3 - y = 0, f_y = 3xy^2 + x^3 - x = 0$ をみたす点が極値の候補者で $(0, 0)$, $(0, \pm 1)$, $(\pm 1, 0)$, $\left(\frac{1}{2}, -\frac{1}{2}\right)$, $\left(-\frac{1}{2}, \frac{1}{2}\right)$, $\left(-\frac{1}{2}, -\frac{1}{2}\right)$, $\left(\frac{1}{2}, \frac{1}{2}\right)$ の 9 点．このうち最初の 5 点では f の値が 0 であるのに，これらの点の任意の近傍では正負いずれの値もとりうる．$\left(\frac{1}{2}, -\frac{1}{2}\right)$, $\left(-\frac{1}{2}, \frac{1}{2}\right)$ が，極大値 $\frac{1}{8}$, $\left(\frac{1}{2}, \frac{1}{2}\right)$, $\left(-\frac{1}{2}, -\frac{1}{2}\right)$ で極小値 $-\frac{1}{8}$ を与えることは上の分類定理によって判別する．

ii） $df = \{2(y - x^2)(-2x) + 5x^4\} dx + 2(y - x^2) dy = 0$
より極値の候補者は $(0, 0)$ しかない．しかし $y = x^2$ のグラフの上

では原点のまわりで f は正負いずれの値もとるので f は極値を持たない.

例 3　$m_i > 0, i = 1, \cdots, n, a_i, b_i, i = 1, \cdots, n$ を定数とする.
$f(x,y) = \sum_{i=1}^{n} m_i \left\{ (x - a_i)^2 + (y - b_i)^2 \right\}$ の最小値を求めよ.

解　最小値がもしあれば極値でもあるからまず極値の候補を見つけよう.

$$\frac{\partial f}{\partial x} = 2\sum_{i=1}^{n} m_i\,(x - a_i) = 0, \quad \frac{\partial f}{\partial y} = 2\sum_{i=1}^{n} m_i\,(x - a_i) = 0$$

よりその候補は

$$x = \frac{\sum_{i=1}^{n} m_i a_i}{\sum_{i=1}^{n} m_i}, \quad y = \frac{\sum_{i=1}^{n} m_i b_i}{\sum_{i=1}^{n} m_i}$$

である. この点では

$$\frac{\partial^2 f}{\partial x^2} = 2\sum_{i=1}^{n} m_i = \frac{\partial^2 f}{\partial y^2} > 0, \quad \frac{\partial^2 f}{\partial x \partial y} = 0$$

より $\Delta < 0$ であって極小を与える点である. しかもこのような点は 1 点である. 一方 $(x - a_i)^2 + (y - b_i)^2$ は $x^2 + y^2$ を十分大にすると無限大に発散する. したがって n この点 (a_i, b_i) を含む十分大きな円の外側には問題の最小点は存在せず, *最小点はこの円の内部に存在する. よってそれは極小点と一致しなければならない.

（*有界閉集合で連続関数は最小値を持つ！）

　変数が多い場合に 2 階偏導関数で**臨界点を分類**する定理は 2 変数と全く同じに成立する. すなわち $\frac{\partial f}{\partial x_i}, i = 1, \cdots, n$ がすべて 0 であり, 2 次式 $\sum_{ij=1}^{n} \frac{\partial^2 f}{\partial x_i \partial x_j} h_i h_j$ が h_i, h_j の如何を問わず（h_i がすべて 0 の時を除き）, 正または負であればその点で極小または極大である. ただ 3 変数以上の場合に Δ に相当する**判別式**は一段と複雑になり,

行列 $\left(\dfrac{\partial^2 f}{\partial x_i \partial x_j} \right)$ の最初の r 行 r 列 $r = 1, \cdots, n$ の作る小行列式がすべて正なら極小となる.

極値問題の少し難しいのを 2 つばかり解いてみよう.

例 4 n 次の実係数多項式 $P(x) = x^n + a_1 x^{n-1} + \cdots + a_n$ を積分 $J = \displaystyle\int_{-1}^{1} P^2(x)dx$ が最小となるようにさだめよ.

解 係数 $a_1, \cdots, a_n$ 変数とみて J を n 変数の多項式と考えると J が極値をとる $\boldsymbol{R}^n$ の点 $(a_1, \cdots, a_n)$ は

$$\frac{\partial J}{\partial a_k} = 2 \int_{-1}^{1} x^{n-k} P(x)dx = 0 \quad (k = 1, \cdots, n)$$

をみたす. この様な多項式 $x^n + a_1 x^{n-1} + \cdots + a_n$ は存在するとしても n ごとに一つしかない. もし 2 つ存在するとすればそれを $P_1(x), P_2(x)$ とおくと, $P_1(x) - P_2(x)$ は高々 $n-1$ 次式である. よって

$$\int_{-1}^{1} \left(P_1(x) - P_2(x) \right)^2 dx$$
$$= \int_{-1}^{1} \left(P_1(x) - P_2(x) \right) P_1(x)dx - \int_{-1}^{1} \left(P_1(x) - P_2(x) \right) \cdot P_2(x)dx$$
$$= 0$$

より, $P_1(x) = P_2(x), x \in [-1, 1]$ となり矛盾である.

$J \geqq 0$ であり $a_i \to \infty$ のとき, $\lim J$ は発散するので上の唯一の解が最小値を与える. 1 変数の微分法より**ルジャンドルの多項式**

$$P_n(x) = \frac{1}{2^n n!} \frac{d^n}{dx^n} \left((x^2 - 1)^n \right)$$

に適当に定数をかけ, x^n の係数を 1 にしたものが答である.

例 5　3 角形 ABC の 3 頂点よりの距離の和が最小である点を求めよ.

解　点 B を極座標の中心，BC を通る直線を極座標の軸にとる. 平面上の点 P のこの極座標による表示を (r, θ) とする. 直線 BP に頂点 A, C とりそれぞれ垂線を下ろし，その足をそれぞれ，L,N とする.

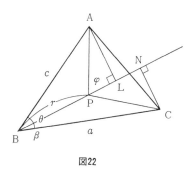

図22

$$f(\mathrm{P}) = \overline{\mathrm{AP}} + \overline{\mathrm{BP}} + \overline{\mathrm{CP}} = r_1 + r_2 + r_3 \text{ とおく.}$$

$$r_1 = \left[r^2 + c^2 - 2cr\cos(\beta - \theta)\right]^{\frac{1}{2}}, \quad r_2 = r,$$
$$r_3 = \left[r^2 + a^2 - 2ar\cos\theta\right]^{\frac{1}{2}}$$

臨界点の条件は

$$0 = \frac{\partial f}{\partial r} = 1 + \frac{r - c\cos(\beta - \theta)}{r_1} + \frac{r - a\cos\theta}{r_3} = 1 - \frac{\overline{\mathrm{PL}}}{\overline{\mathrm{AP}}} - \frac{\overline{\mathrm{PN}}}{\overline{\mathrm{CP}}}$$

$$= 1 - \cos\varphi - \cos\psi \quad (\psi \text{ は } \angle\mathrm{CPN} \text{ の大きさ})$$

$$0 = \frac{\partial f}{\partial \theta} = -\frac{cr\sin(\beta - \theta)}{r_1} + \frac{ar\sin\theta}{r_2} = r(\sin\varphi - \sin\psi)$$

よって $\varphi = \psi = \dfrac{\pi}{3}$ または $r = 0$（極座標では微分について $r = 0$ はいつでも例外の点である）.

f は連続関数であり，A, B, C 含む十分大きな円の内部で最小値をとるのは明らかである．

$r = 0$ における右側微係数は

$$\left(\frac{\partial f}{\partial r}\right)_+ = 1 - \cos\theta - \cos(\beta - \theta) = 1 - 2\cos\frac{B}{2}\cos\left(\frac{B}{2} - \theta\right)$$

であるから

ⅰ）$\beta > \frac{2}{3}\pi$ なら $\left(\frac{\partial f}{\partial r}\right)_+ > 0$ このとき B が最小値をとる点．

ⅱ）$\beta < \frac{2}{3}\pi$ のとき $\left(\frac{\partial f}{\partial r}\right)_+$ は θ の値によって正とも負ともなり $r = 0$ は最小値をとる点ではない．

したがって 3 角形の一角 B が $\frac{2}{3}\pi$ より大または等しいとき，B が最小値をあたえ，それ以外のときは各辺を $\frac{2}{3}\pi$ に見通す内点が最小値をあたえる．

定義域が $\boldsymbol{R}^n$ の集合であるとき，極値の候補は内点で $df = 0$ の点または境界点である．極座標で問題を扱うときは $r = 0$ の点はいつでもアプリオリの特異点として候補に上る．

陰関数の極値，ラグランジュの方法

1 変数の関数は $y = f(x)$ の形でなく $F(x, y) = 0$ の形で与えられることが多い．陰関数定理を援用すると F の特異点を除くと $y = f(x)$ または $x = g(y)$ の形の関数と思っても差支えがなかった．このことを整理してみると次のようになる．

定理（陰関数の極値） C^2 級の $F(x, y)$ について $F(x, y) = 0$ の定める陰関数 $y = f(x)$ の極値を与える点は ⅰ）通常点の場合．たとえば $F_y \neq 0$ の時には $F(x, y) = 0, F_x(x, y) = 0$ をみたす点は $-\dfrac{F_{xx}}{F_y}$ が負または正に応じて極大極小をとる．ⅱ）特異点は別に考慮す

る.

説 明　$\dfrac{dy}{dx} = -\dfrac{F_x}{F_y}, \dfrac{d^2y}{dx^2} = \dfrac{-F_{xx}\left(F_y\right)^2 + 2F_{xy}F_xF_y - F_{yy}\left(F_x\right)^2}{\left(F_y\right)^3}$

$F_y \neq 0$ の条件で $\dfrac{dy}{dx} = F_x = 0$ よって $\dfrac{d^2y}{dx^2} = \dfrac{-F_{xx}}{F_y}$

例 6　$x^4 + 2x^2 + y^3 - y = 0$ でさだまる x の関数 y の極値を調べよ.

解　この問題は通常つぎのように解かれる.

$$f(x,y) = x^4 + 2x^2 + y^3 - y = 0, f_x(x,y) = 4x^3 + 4x = 0$$

この両方程式を満足する (x,y) は $(0,0),(0,1),(1,-1)$ の 3 つである. このとき $f_{xx} = 12x^2 + 4, f_y = 3y^2 - 1$ だから

$$\frac{f_{xx}(0,0)}{f_y(0,0)} = \frac{4}{-1} < 0, \quad \frac{f_{xx}(0,\pm1)}{f_y(0,\pm1)} = \frac{4}{2} > 0$$

よって $x = 0$ のときの $y = 0$ は極小値, $x = 0$ のときの $y = 1$ は極大値, または $x = 0$ のときの $y = -1$ も極大値である.

しかし, 問題中の "さだまる" という意味は陰関数の意味であれば陰関数の定義域の境界もまた極値を与えると考えられる. 曲線の追跡によってこの陰関数のグラフをえがくと, 3 つの陰関数が曲線をグラフに持ち, グラフと $y = \dfrac{1}{\sqrt{3}}$ の交点は 2 つの陰関数の定義域の境界における値でありこれも極値に入ると考えてもよい.

了.

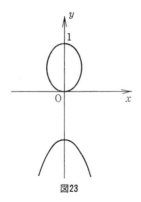

図23

　つぎは $\varphi(x,y)=0$ の条件下で 2 変数関数 $f(x,y)$ が極値をとる点を求める問題を考えよう.

　$\varphi(x,y)=0$ の特異点はいつでも別あつかいにする. 通常点つまり $\varphi_x \neq 0$ または $\varphi_y \neq 0$ の点においては陰関数が存在するから, 例えば $\varphi_y \neq 0$ のとき $y=g(x)$ とおいて $f(x,y)$ に代入し, $f(x,g(x))$ 極値をとる点 $(a,g(a))$ では必要条件として

$$0 = f_x(a,g(a)) + f_y(a,g(a))g'(a)$$
$$= \frac{f_x(a,g(a))\varphi_y(a,g(a)) - f_y(a,g(a))\varphi_x(a,g(a))}{\varphi_y(a,g(a))}$$

よって $f_x\varphi_y - f_y\varphi_y = 0$ をみたす.

　$\varphi_x \neq 0$ の点でも同一の条件が必要である. また特異点もこの条件をみたすので結局つぎの公式が成り立つ.

　公式 　$\boldsymbol{\varphi(x,y)=0}$ **の下での** $\boldsymbol{f(x,y)}$ **の極値をとる点** $\boldsymbol{(x,y)}$ **は**

$$\begin{cases} \boldsymbol{\varphi_x f_y - \varphi_y f_x = 0} \\ \boldsymbol{\varphi(x,y)=0} \end{cases}$$

の解である.

例 7　$x^2 + y^2 = 4$ のとき，$3x^2 + 4xy + 3y^2$ の最大値と最小値を求めよ．

解　まず最大値，最小値の存在についてであるが，$x^2 + y^2 = 4$ は円であるから，$3x^2 + 4xy + 3y^2$ の定義域をこの円と思ってよい．円は有界閉集合であるから，そこで定義された連続関数 $3x^2 + 4xy + 3y^2$ は最大値，最小値をもつ．最大値，最小値は（広い意味の）極値であるから上の公式によって

$$\varphi_x f_y - \varphi_y f_x = 8\left(y^2 - x^2\right) = 0$$
$$\varphi = x^2 + y^2 - 4 = 0$$

の解の中から極値をとる点の候補を探す．ここで $f = 3x^2 + 4xy + 3y^2$ とする．候補は $(\sqrt{2}, \sqrt{2})$, $(\sqrt{2}, -\sqrt{2})$, $(-\sqrt{2}, \sqrt{2})$, $(-\sqrt{2}, -\sqrt{2})$．これらの点が極値であることを示すのは一見容易でないが，一足飛びに最大値，最小値であることは容易に示されるので証明は終る．

条件附極値に関する上の公式はとのままでは $n(\geqq 3)$ 変数の場合には適用できない．そこでつぎのラグランジュの乗数法を導入したい．

$F(x, y, \lambda) = f(x, y) - \lambda \varphi(x, y)$ とおこう．

$$F_x = F_y = F_\lambda = 0 \text{は} \begin{cases} f_x - \lambda \varphi_x = 0 \\ f_y - \lambda \varphi_y = 0 \\ \varphi(x, y) = 0 \end{cases}$$

と同値であり，これから $\varphi(x, y) = 0, f_x \varphi_y - f_y \varphi_x = 0$ が結論される．逆に $\varphi(x, y) = 0, f_x \varphi_y - f_y \varphi_x = 0$ ならば $F_x = F_y = F_\lambda = 0$ または $\varphi_x = \varphi_y = 0$ がその点で成立する．よってつぎの定理が成立する．

定理（ラグランジュの乗数法）　C^1 級の $\varphi(x,y) = 0$ の条件で C^1 級の $f(x,y)$ が極値をとる点は $F(x,y) = f(x,y) - \lambda\varphi(x,y)$ とおいたとき，$F_x = F_y = F_\lambda = 0$ の解か $\varphi(x,y)$ の特異点である．また $\varphi(x_1,\cdots,x_n) = 0$ の下で $f(x_1,\cdots,x_n)$ の極値をとる点は，$F(x_1,\cdots,x_n) = f(x_1,\cdots,x_n) - \lambda\varphi(x_1,\cdots,x_n)$ で F を定めたとき，$F_{x_i} = 0, i = 1,\cdots,n$ の解か $\varphi(x_1,\cdots x_n) = 0$ の特異点である．

例8（最小発熱の原理）　抵抗 R の導線を強さ i 電流が流れて発生するジュール熱 H は k 比例定数として

$$H = ki^2R$$

で与えられる．

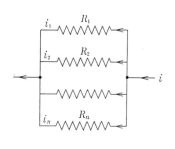

図24

抵抗が R_i，$i = 1,\cdots,n$ の n この導線を並列に連結して電流 i を通ずるとき，各導線の電流はこの回路に発生するジュール熱 H を最小にするように流れるものである．これを最小発熱の原理という．この原理から $i_1,\cdots,i_n, R_1,\cdots,R_n$ の間の基本的関係を導け．

解　$i_1 + \cdots + i_n = i$ の下で $H = k(i_1{}^2R_1 + \cdots + i_n{}^2R_n)$ を最小にする $i_1,\cdots,i_n$ を求めるとよい．

$$f(i_1,\cdots,i_n) = k(i_1^2R_1 + \cdots + i_n^2R_1) - \lambda(i_1 + \cdots + i_n - i)$$

とおいて

$$\frac{\partial f}{\partial i_1} = 2ki_1 R_1 - \lambda = 0, \cdots, \frac{\partial f}{\partial i_n} = 2ki_n R_n - \lambda = 0$$

を得る.

　すなわち

$$i_1 R_1 = \frac{\lambda}{2k}, \cdots, i_n R_n = \frac{\lambda}{2k}$$

より

$$(*) \quad i_1 R_1 = i_2 R_2 = \cdots = i_n R_n = C$$

がまず得られる.

　一方 $H = ki^2 R = k\left(i_1^2 R_1 + \cdots + i_n^2 R_n\right) = k\left(Ci_1 + \cdots + Ci_n\right) = kCi$
よって $C = iR$ である. これを $\pm$ の式に代入して

$$\frac{kC^2}{R} = k\left(\frac{C^2}{R_1} + \cdots + \frac{C^2}{R_n}\right)$$

　よって

$$(**) \quad \frac{1}{R} = \frac{1}{R_1} + \cdots + \frac{1}{R_n}$$

を得る.

　$(*)(**)$ 共に物理学でよく知られた公式である.

　条件式が 2 つの場合の Lagrange 乗数法を概略のべておこう.

定理（条件式が 2 つの場合のラグランジュ乗数法）

　$f(x, y, z), \varphi(x, y, z), \psi(x, y, z)$ が す べ て C^1 級 と す る と き,
$\varphi(x, y, z) = 0$, $\phi(x, y, z) = 0$ のもとで $f(x, y, z)$ が極値をとる
点 (a, b, c) は

$$F(x, y, z) = f(x, y, z) - \lambda\varphi(x, y, z) - \mu\psi(x, y, z)$$

とするとき, つぎの i), ii) のいずれかをみたす.

　i) $F_x = F_y = F_z = F_\lambda = F_\mu = 0$ をみたす.

ii）行列 $\begin{pmatrix} \varphi_x & \varphi_y & \varphi_z \\ \psi_x & \psi_y & \psi_z \end{pmatrix}$ の**階数**が 0，または 1 の点である．

ii）の条件はつぎの ii)′ と同等である．

ii)′ $\left(\varphi_x\psi_y - \psi_x\varphi_y\right)^2 + \left(\varphi_y\psi_z - \psi_y\varphi_z\right)^2 + \left(\varphi_x\psi_z - \psi_x\varphi_z\right)^2 = 0$

説明　ii)′ がみたされていないとき，その 3 項のうちのどれかは 0 でない．$\dfrac{\partial(\varphi,\psi)}{\partial(y,z)} = \varphi_y\psi_z - \psi_y\varphi_z \neq 0$ が $\varphi(x,y,z) = \psi(x,y,z) = 0$ とともに (a,b,c) で満されているならば連立の場合の陰関数定理によって a の近傍において $y = y(x), z = z(x)$ と表わされ $f(x,y(x),z(x))$ が極値をとることにより，連鎖律によって

$$f_x(a,b,c) + f_y(a,b,c)y'(a) + f_z(a,b,c)z'(a) = 0$$

ふたたび連立型の陰関数定理における，y', z' の表示より

$$y'(a) = -\frac{\varphi_x\psi_z - \varphi_z\psi_x}{\varphi_y\psi_z - \varphi_z\psi_y}, \quad z'(a) = -\frac{\varphi_y\psi_x - \varphi_x\psi_y}{\varphi_y\psi_z - \varphi_z\psi_y}$$

したがって次式を得る．

$$f_x\left(\varphi_y\psi_z - \varphi_z\psi_y\right) - f_y\left(\varphi_x\psi_z - \varphi_z\psi_x\right) - f_z\left(\varphi_y\psi_x - \varphi_x\psi_y\right) = 0$$

この式は ii)′ の他の 2 項が 0 でない場合も同様に得られる．

この条件は　$F_x = f_x - \alpha\varphi_x - \beta\psi_x = 0$

$$F_y = f_y - \alpha\varphi_y - \beta\psi_y = 0$$

$$F_z = f_z - \alpha\varphi_z - \beta\psi_z = 0$$

が解を持つための必要かつ十分な条件であり，$F_\lambda = -\varphi, F_\mu = -\psi$ であるから定理の結論はえられた．

もっと一般につぎの定理がのべられる．

定理　$\varphi_i(x_1,\cdots,x_n) = 0, i = 1,\cdots,p, p < n$ の条件で $f(x_1,\cdots,x_n)$ の極値をとる点 $(a_1,\cdots,a_n)$ は

ⅰ）$F(x_1, \cdots, x_n, \lambda_1, \cdots, \lambda_p) = f(x_1, \cdots, x_n) - \sum_{i=1}^{n} \lambda_i \varphi_i (x_1, \cdots, x_n)$

としたときの $dF = 0$ の点であるか.

ⅱ）$\dfrac{\partial(\varphi_1, \cdots, \varphi_p)}{\partial(x_{i_1}, \cdots, \partial x_{i_p})}$, $\quad (x_{i_1}, \cdots, x_{i_p}$ は $x_1, \cdots, x_n$ のちちの p 個 $)$ が

すべて 0 の点である.

　ラグランジュの乗数法の例題をいくつか調べておこう.

例 9　$f(x, y) = Ax^2 + 2Bxy + Cy^2 - 1 = 0$ の条件で $g(x, y) = ax^2 + 2bxy + cy^2$ のとる最大値, 最小値を各々 z_1, z_2 とおく. これら
は $(AC - B^2) z^2 - (cA + aC - 2bB)z + (ac - b^2) = 0$ の解であることを示せ. また $g(x_1, y_1) = z_1, g(x_2, y_2) = z_2$ とすると,
$Ax_1x_2 + B(x_1y_2 + x_2y_1) + Cy_1y_2 = 0$ であることを示せ. ただし
$A > 0, AC - B^2 > 0, a : b : c \neq A : B : C$ とする.

解　$f(x, y) = 0$ は楕円であって有界閉集合であるから g はその上
で最大値 $z_1 = g(x_1, y_1)$, 最小値 $z_2 = g(x_2, y_2)$ を持つ.

$$f_x = 2(Ax + By), \quad g_x = 2(ax + by),$$
$$f_y = 2(Bx + Cy), \quad g_y = 2(bx + cy)$$

であるから適当な λ_1, λ_2 によって $(x_1, y_1, \lambda_1), (x_2, y_2, \lambda_2)$ は次式を
みたす.

$$ax + by = \lambda(Ax + By)$$
$$bx + cy = \lambda(Bx + Cy)$$
$$Ax^2 + 2Bxy + Cy^2 = 1$$

　$x(ax + by) + y(bx + cy)$ を計算して

$ax^2 + 2bxy + cy^2 = \lambda(Ax^2 + 2Bxy + Cy^2) = \lambda, \quad \lambda_1 = z_1, \quad \lambda_2 = z_2$

となる.

また $(a - \lambda A)x + (b - \lambda B)y = 0$

$\qquad (b - \lambda B)x + (c - \lambda C)y = 0$

より係数の行列式を 0 とおくことができる．これを変形すると

$$(*) \quad (AC - B^2)\lambda^2 - (cA + aC - 2bB)\lambda + (ac - b^2) = 0$$

$ax_1 + by_1 = \lambda_1(Ax_1 + By_1)$ の両辺に x_2 を乗じ，$bx_1 + cy_1 = \lambda_1(Bx_1 + Cy_1)$ の両辺に y_2 を乗じて加えると

$$ax_1x_2 + b(x_1y_2 + x_2y_1) + cy_1y_2$$
$$= \lambda_1(Ax_1x_2 + B(x_1y_2 + x_2y_1) + Cy_1y_2)$$

また番号をいれ替えて加えると

$$ax_1x_2 + b(x_1y_2 + x_2y_1) + cy_1y_2$$
$$= \lambda_2(Ax_1x_2 + B(x_1y_2 + x_2y_1) + Cy_1y_2)$$

よって $\lambda_1 \neq \lambda_2$ より $Ax_1x_2 + B(x_1y_2 + x_2y_1) + Cy_1y_2 = 0$
($\lambda_1 = \lambda_2$ の場合 $(*)$ は等根を持ち，仮定に矛盾する)

例 10 決して交わらない 2 つの平面曲線の各 1 点を結ぶ線分のうちで最小の長さを持つものが両者の正則点を結んで実現されたとする．このときこの線分は 2 つ曲線の各々と直交することを示せ．

解 各曲線を $f_1(x, y) = 0, f_2(x, y) = 0$ であらわす．また $f_1(x_1, y_1) = 0, f_2(x_2, y_2) = 0$ の 2 点 $(x_1, y_1), (x_2, y_2)$ に対して，$l = \sqrt{(x_1 - x_2)^2 + (y_1 - y_2)^2}$ とおくと，

$\qquad F(x_1, y_1, x_2, y_2, \lambda_1, \lambda_2)$

$$= \sqrt{(x_1 - x_2)^2 + (y_1 - y_2)^2} - \lambda_1 f_1(x_1, y_1) - \lambda_2 f_2(x_2, y_2) \ \text{は}$$

$$F_{x_1} = \frac{x_1 - x_2}{l} - \lambda_1 \frac{\partial f_1}{\partial x_1} = 0, \quad F_{x_2} = \frac{x_2 - x_1}{l} - \lambda_2 \frac{\partial f_2}{\partial x_2} = 0$$

$$F_{y_1} = \frac{y_1 - y_2}{l} - \lambda_1 \frac{\partial f_1}{\partial y_1} = 0, \quad F_{y_2} = \frac{y_2 - y_1}{l} - \lambda_2 \frac{\partial f_2}{\partial y_2} = 0$$

$$F_{\lambda_1} = -f_1 = 0, \qquad\qquad F_{\lambda_2} = -f_2 = 0$$

をみたしているはずである.

$f_1(x, y) = 0$ を $y = g(x)$(をたは $x = h(y)$)とおいたとき,

$$\frac{dy}{dx} = -\frac{\dfrac{\partial f_1}{\partial x}}{\dfrac{\partial f_1}{\partial y_1}} = -\frac{x_1 - x_2}{y_1 - y_2}$$

直交条件はみたされた. $f_2(x, y) = 0$ についても同様である.

> **注** 定理(条件式が 2 つ場合のラグランジュ乗数法)の ii)の条件は
> $(x_1, y_1), (x_2, y_2)$ が各曲線の特異点である条件と一致している.

例 11(楕円面) $\dfrac{x^2}{a^2} + \dfrac{y^2}{b^2} + \dfrac{z^2}{c^2} = 1(a > b > c > 0)$ とその中心を通る平面 $lx + my + nz = 0 \quad (l, m, n \neq 0)$ との交わりのなす曲線上で $r^2 = x^2 + y^2 + z^2$ の極値問題を考える. 極値をとる点での r^2 の値は次式をみたす.

$$\frac{a^2 l^2}{a^2 - r^2} + \frac{b^2 m^2}{b^2 - r^2} + \frac{c^2 m^2}{c^2 - r^2} = 0$$

解 これは楕円面の持っている重要なしかし一般にはよく知られていない性質で,工業数学で利用されることが多い. 楕円面は 2 次曲面のうちで唯一の(退化したものを除いて)コンパクトな曲面族である.

上の問題設定の下で (x_0, y_0, z_0) において r が極値をとったと仮定

しよう.

$$f_1(x, y, z) = \frac{x^2}{a^2} + \frac{y^2}{b^2} + \frac{z^2}{c^2} - 1 = 0$$

$$f_2(x, y, z) = lx + my + nz = 0$$

より

$$F(x, y, z) = x^2 + y^2 + z^2 - \lambda_1 \left(\frac{x^2}{a^2} + \frac{y^2}{b^2} + \frac{z^2}{c^2} - 1 \right)$$

$$-\lambda_2(lx + my + nz)$$

の臨界点を求めることになる.

$$F_x \equiv 2x - \frac{2\lambda_1}{a^2}x - l\lambda_2 = 0$$

$$F_y \equiv 2y - \frac{2\lambda_1}{b^2}y - m\lambda_2 = 0$$

$$F_z = 2z - \frac{2\lambda_1}{c^2}z - n\lambda_2 = 0$$

上の第 1 式に x, 第 2 式に y, 第 3 式に z を乗じて加えると

$$2\left(x^2 + y^2 + z^2\right) - 2\lambda_1 \left(\frac{x^2}{a^2} + \frac{y^2}{b^2} + \frac{z^2}{c^2} \right) = 0$$

すなわち次式が得られる.

$$r^2 = \lambda_1$$

これを上の 3 つの式に再び代入すると

$$\lambda_2 = \frac{2x\left(a^2 - r^2\right)}{la^2} = \frac{2y\left(b^2 - r^2\right)}{mb^2} = \frac{2z\left(c^2 - r^2\right)}{nc^2}$$

ふたたび $lx + my + nz = 0$ によって

$$\frac{a^2l^2}{a^2 - r^2} + \frac{b^2m^2}{b^2 - r^2} + \frac{c^2n^2}{c^2 - r^2} = 0$$

を得る.

例 12（アダマールによる行列式のエスチメート）

行列式

$$D = \begin{vmatrix} a_{11} & \cdots\cdots & a_{1n} \\ \vdots & & \vdots \\ a_{n1} & \cdots\cdots & a_{nn} \end{vmatrix} \text{に対して}$$

$$D^2 \leqq \prod_{i=1}^{n} (a_{i1}^2 + \cdots\cdots + a_{in}^2)$$

（Π の記号は積を表わす．ちょうど $\displaystyle\sum_n$ が和を表わすのに似た役割りをはたしている．例ば $A_1 \cdots A_n = \displaystyle\prod_{i=1}^{n} A_i$）

解　a_{ij} をすべて独立変数と見よう．すなわち D は n^2 個の変数の多項式と見なせる．ここでつぎの条件付極値問題を設定しよう．

> $g_i \equiv a_{i1}^2 + \cdots + a_{in}^2 = M_i (M_i \text{ は定数}), i = 1, \cdots, n$
> の条件下での行列式 D が極大であるための必要条件を求めよ．

$F = D - (\lambda_1 g_1 + \lambda_2 g_2 + \cdots + \lambda_n g_n)$ についての $\dfrac{\partial F}{\partial a_{ik}} = 0$ を整理しよう．

行列式 D における a_{ik} の**余因子**（$(-1)^{i+k} \times i$ 行と k 列を D から抜いて作った $n-1$ 次の小行列式）を A_{ik} とすると

$$\frac{\partial D}{\partial a_{ik}} = A_{ik}$$

であるから

$$\frac{\partial(D - \lambda_1 g_1 - \cdots - \lambda_n g_n)}{\partial a_{ik}} = A_{ik} - 2\lambda_i a_{ik} = 0, \quad (i, k = 1 \cdots n)$$

一方行列式の定理（**行列式の展開**）より

$$0 = a_{i1} A_{k1} + \cdots + a_{in} A_{kn} \quad (i \neq k)$$

を得るから上式を代入すると

$$0 = (a_{i1}a_{k1} + \cdots + a_{in}a_{kn})\lambda_i$$

となり，場合が 2 つ分かれる．

 ⅰ）$\lambda_1 = \lambda_2 = \cdots = \lambda_n = 0$

 ⅱ）ある i にいて $\lambda_i \neq 0$.

　　このとき $a_{i1}a_{k1} + \cdots + \alpha_{in}a_{kn} = 0 \quad (i \neq k)$

 ⅰ）の場合すべての $A_{ik} = 0$，ところが行列式の演習問題として $|A_{ik}| = |a_{ik}|^{n-1}$ であるから，この場合 $|D| = 0$. よってこの時は目的の不等式が成立する．

 ⅱ）の場合

$$D^2 = \begin{vmatrix} a_{11} \cdots\cdots a_{1n} \\ \cdots\cdots\cdots \\ a_{i1} \cdots\cdots a_{in} \\ \cdots\cdots\cdots \\ a_{n1} \cdots\cdots a_{nn} \end{vmatrix} \begin{vmatrix} a_{11} \cdots\cdots a_{1n} \\ \cdots\cdots\cdots \\ a_{i1} \cdots\cdots a_{in} \\ \cdots\cdots\cdots \\ a_{n1} \cdots\cdots a_{nn} \end{vmatrix} = \begin{vmatrix} a_{11} \cdots\cdots a_{1n} \\ \cdots\cdots\cdots \\ a_{i1} \cdots\cdots a_{in} \\ \cdots\cdots\cdots \\ a_{n1} \cdots\cdots a_{nn} \end{vmatrix} \begin{vmatrix} a_{11} & a_{i1} & a_{nn} \\ \vdots & \vdots & \vdots & \vdots & \vdots \\ a_{1n} & a_{in} & a_{n11} \end{vmatrix}$$

$$= \begin{vmatrix} & * & \\ 0 \cdots M_i{}^2 \ 0 \cdots 0 \\ & * & \end{vmatrix} = M_i{}^2 D_1{}^2 \qquad \text{(ただし } D_1 \text{ は } D \text{ より } i \text{ 行 } i \text{ 列を抜いて作った行列式)}$$

したがって求める不等式 $|D|^2 \leqq M_1{}^2 \cdots M_n{}^2$ は数学的帰納法によって成立することがわかる．

包絡線，包絡面

つぎの図をみると x 軸上に中心のある半径 1 の円が動いて行くとき，それらの共通接線として 2 本の直線 $x = -1$ と $x = 1$ が生成される．

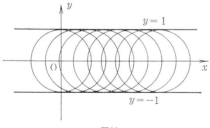

図25

このような曲線について学びたいのである.

いま $F(x,y,\alpha)$ を x, y, α について C^1 級. また α を与えたとき, x, y の関数として正則. つまり $(F_x)^2 + (F_y)^2 > 0$ を仮定しよう.

$$F(x,y,\alpha) = 0$$

は α を固定するごとに（局所的には）陰関数の定める曲線を与える. この曲線を C_α で表わす.

いま, 別に $x = x(\alpha), y = y(\alpha)$ によって表わされる曲線 E が $(x(\alpha), y(\alpha))$ において上の曲線群 C_α に接するとき, この曲線を $\{C_\alpha\}$ の包絡線という.

曲線族 $\{C_\alpha\}$: $F(x,y,\alpha) = 0$ が包絡線 E を持つとすれば, その接点において C_α と E の接線が一致することから,

$$F_x(x(\alpha), y(\alpha), \alpha) x'(\alpha) + F_y(x(\alpha), y(\alpha), \alpha) y'(\alpha) = 0$$

となり, 一方で $F(x(\alpha), y(\alpha), \alpha) = 0$ を α について微分して

$$F_x(x(\alpha), y(\alpha), \alpha) x'(\alpha) + F_y(x(\alpha), y(\alpha), \alpha) y'(\alpha)$$
$$+ F_\alpha(x(\alpha), y(\alpha), \alpha) = 0$$

したがって

$$F_\alpha(x(\alpha), y(\alpha), \alpha) = 0$$

を得る.

曲線 $x = x(t), y = y(t)$ が曲線族 $\{C_\alpha\} : F(x, y, \alpha) = 0$ の包絡線であるための必要条件は

$$\boldsymbol{F}(\boldsymbol{x}(\alpha), \boldsymbol{y}(\alpha), \alpha) = \boldsymbol{0}, \quad \boldsymbol{F}_x(\boldsymbol{x}(\alpha), \boldsymbol{y}(\alpha), \alpha) = \boldsymbol{0}$$

が両立することである．ただし曲線族の特異点が α と共に変る場合，その軌跡の作る曲線も同一の方程式をみたす．両者の区別は曲線族の追跡による以外方法はない．

例 13　i）$F(x, y, \alpha) = (x - \alpha)^2 + y^2 - 1 = 0$ の包絡線を求めよ．
ii）x 軸，y 軸によって切りとられる線分の長さが l である直線の集りの包絡線を求めよ．

解　i）$F_\alpha = 2(\alpha - x) = 0$ を $F = 0$ に代入して $y^2 = 1, y - 1$ または $y = -1$ が解．
ii）x 軸の負の方向と線分とのなす角を α とするとき，線分の定める直線の式は

$$\frac{x}{\cos \alpha} + \frac{y}{\sin \alpha} = l$$

α について微分すると

$$\frac{x \sin \alpha}{\cos \alpha^2} - \frac{y \cos \alpha}{\sin^2 \alpha} = 0$$

上の 2 つ式を連立一次方程式とみて解くと，

$$x = l \cos^3 \alpha, \quad y = l \sin^3 \alpha$$

よって α を消去すると，

$$x^{\frac{2}{3}} + y^{\frac{2}{3}} = l^{\frac{2}{3}} \quad （アステロイド）$$

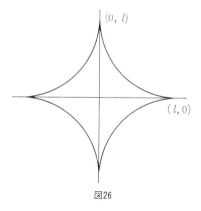

図26

例 14 $F(x,y,\alpha) = (x-\alpha)^3 + (y-\alpha)^3 - 3(x-\alpha)(y-\alpha) = 0$ の包絡線を求めよ.

解 $F = 0$ のグラフは図のようになり，2本の直線が答になるのだが計算が難しいので紹介しておく.

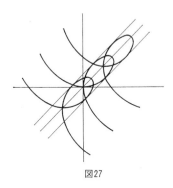

図27

$$x - \alpha = X, \quad y - \alpha = Y \quad \text{とおくと},$$
$$F(x,y,\alpha) = X^3 + Y^3 - 3XY = 0$$
$$F_\alpha(x,y,\alpha) = -3\left(X^2 + Y^2 - X - Y\right) = 0$$

126

よって $(X+Y)(X^2 + Y_2 - X - Y) - (X^3 + Y^3 - 3XY)$

$\quad = X^2 Y + Y^2 X + 3XY - (X+Y)^2 = 0$

$X + Y = A, \quad XY = B$ とおくと

$$AB + 3B - A^2 = 0$$

一方 $F_\alpha = 0$ より

$$A^2 - 2B - A = 0$$

この 2 式より　i) $A = 0$ このとき $B = 0$ よって $X = Y = 0, x = y$

ii) $B = \dfrac{A^2}{A+3}$, このとき $A^2 = 3$

$$(x - y)^2 = A^2 - 4B = 3 - 4B$$

$$x - y = \pm \sqrt{2\sqrt{3} - 3}$$

上図より i) の場合は特異点の軌跡．ii) が解である．

例 14　平行光線が半円の内側で反射されたとき，その反射光線の包絡線を求めよ．

解　半円の半径を a として図のように座標軸をとるとき，点 P の座標は $(a\cos\alpha, a\sin\alpha)$ である．

反射光線 PP′ の方程式は

$$y - a\sin\alpha = \tan 2\alpha (x - a\cos\alpha)$$

すなわち

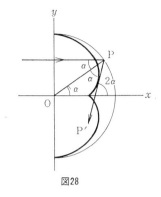

図28

$$x \sin 2\alpha - y \cos 2\alpha - a \sin \alpha = 0$$

上式を α で微分すると

$$2x \cos 2\alpha + 2y \sin 2\alpha - a \cos \alpha = 0$$

この 2 式より

$$x = \frac{a}{4}(3 \cos \alpha - \cos 3\alpha)$$

$$y = \frac{a}{4}(3 \sin \alpha + \sin 3\alpha)$$

これは図示のグラフを持つェピサイクロイドの方程式である.

包絡面

$f(x, y, z, \alpha)$ が 4 変数 x, y, z, α に関し C^1 級で $f_x{}^2 + f_y{}^2 + f_2{}^2 \neq 0$ のとき, $f(x, y, z, \alpha) = 0$ は助変数 α を定めるごとに曲面 s_α を表わす. いま, t を助変数とする一つの曲面:

$$x = x(t, \alpha), y = y(t, \alpha), z = z(t, \alpha)$$

が各 α に対して曲線 $(x(t, \alpha), y(t, \alpha), z(t, \alpha))$ 上の点で常に曲面 s_α に接するならば, この曲面を s_α の**包絡面**という. 包絡線と殆んど同様にして,

128

定理　$f(x,y,t,z)=0$ の包絡面の方程式は

$$f(x,y,z,t)=0, f_t(x,y,z,t)=0$$

を満足する.

例 15　ⅰ）$x^2+(y-\alpha)^2+z^2-a^2=0$ は球群であるが，その包絡面を求めよ．解は明らかであり省略する.

2つの助変数 s,t をもつ曲面群 $f(x,y,z,s,t)=0$ と接する．曲面 $x=x(s,t),\ y=y(s,t),\ z=z(s,t)$ をまた**包絡面**という.

この方程式は $f=0,\ f_s=0,\ f_t=0$ を連立させて得られる.

演 習 問 題 B

1.　$u_i = \dfrac{x_i}{\sqrt{1 - x_1^2 - x_2{}^2 - \cdots - x_n{}^2}}$　$i = 1, \cdots, n$ のとき

$$
\begin{vmatrix}
\dfrac{\partial u_1}{\partial x_1} \cdots\cdots\cdots \dfrac{\partial u_n}{\partial x_1} \\
\cdots\cdots\cdots\cdots\cdots\cdots \\
\dfrac{\partial u_1}{\partial x_n} \cdots\cdots\cdots \dfrac{\partial u_n}{\partial x_n}
\end{vmatrix}
= \dfrac{1}{\left(1 - x_1^2 - \cdots - x_n^2\right)^{\frac{n+2}{2}}}
$$

を示せ.

2.　つぎの写像を座標成分で明示し，逆写像が存在すれば求めよ.

ⅰ）$\boldsymbol{R}^n$ の点 P を線分 OP の中点 Q に写す写像（O は $(0, \cdots, 0)$ を表わす）

ⅱ）$\boldsymbol{a} = (a_1, a_2, a_3), \boldsymbol{x} = (x_1, x_2, x_3), \boldsymbol{y} = (y_1, y_2, y_3)$ の間に外積によって $\boldsymbol{y} = \boldsymbol{a} \times \boldsymbol{x}$ の関係があるとき，$\boldsymbol{x} \to \boldsymbol{y}$ の対応.

3.　$x = f(u, v), y = g(u, v), (f, g : C^1), \dfrac{\partial(x, y)}{\partial(u, v)} \neq 0$ について，u_x, u_y, v_x, v_y を求めよ.

4.　$|\sin z| < 1$ がなりたたないことを示せ.

5.　つぎの関数はそれぞれの領域で正則であることを示せ.

ⅰ）$f(z) = (x^2 - y^2) + 2ixy$　$(|z| < \infty)$

ⅱ）$f(z) = \dfrac{x}{x^2 + y^2} - i \dfrac{y}{x^2 + y^2}$　$(0 < |z| < \infty)$

6.　$\boldsymbol{V} = f(r) \cdot (x - x_0, y - y_0)$（中心力場）の rot が (x_0, y_0) 以外で 0 になることを示せ. f は C^1 級とする.

7.　中心力場で div $\boldsymbol{V} = 0$）（中心 (x_0, y_0) を除いて）なるものを求

めよ．（管状中心力場）

8. x, y の関数 $u = u(x,y), v = v(x,y)$ の間に**関数関係** $F(u,v) = 0, F_u{}^2 + F_v{}^2 \neq 0$ があれば，$\dfrac{\partial(u,v)}{\partial(x,y)} = 0$ を示し，その逆の成立も示せ．

9. つぎの連立方程式によって表わされる曲線の接線と法平面（接線と直交する平面）を求めよ．

$$x^2 + y^2 + z^2 = a^2, \quad x^2 + y^2 = ax \quad (a > 0)$$

演習問題 B の解答

1. 省略． **2.** ⅰ）$y_i = \dfrac{1}{2}x_i, \quad i = 1, \cdots, n$ ⅱ）省略（外積の定義） **3.** $u_x = \dfrac{g_v}{f_u g_v - f_v g_u}, u_y, v_x, v_y$ についても同様の表示を求めよ．

4. $\sin z = \dfrac{e^{iz} - e^{-iz}}{2i}$ であり，$z = ni$ とおくとよい．

5. 省略． **6.** 省略． **7.** $c\left(\dfrac{x - x_0}{r^2}, \dfrac{y - y_0}{r^2}\right)$. **8.** 省略

9. 接　線 $\dfrac{X - x}{-2yz} = \dfrac{Y - y}{z(2x - a)} = \dfrac{Z - z}{ay}$

　　法平面 $-2yzX + z(2x - a)Y + ayZ = 0$

解 析 公 式 集

微 分 法

1. $f = f(x)$ について，$f' = \dfrac{df}{dx}, f^{(n)} = \dfrac{d^n f}{dx^n}$ とおく．

$(f+g)' = f'+g',\quad (cf)' = cf' (c \text{ は定数}), (fg)' = f'g+fg', \left(\dfrac{f}{g}\right)' =$

$\dfrac{f'g - fg'}{g^2}\ (f + g)^{(n)} = f^{(n)} + g^{(n)}, (cf)^{(n)} = cf^{(n)}\quad (c \text{ は定数})$

$(fg)^{(n)} = \displaystyle\sum_{r=0}^{n}{}_n\mathrm{C}_r f^{(n-r)} g^{(r)}$

$\qquad\quad = f^{(n)}g + {}_n\mathrm{C}_1 f^{(n-1)}g' + {}_n\mathrm{C}_2 f^{(n-2)}g'' + \cdots + fg^{(n)}$

$\hfill$（ライプニッツの公式）

2. z が y の関数，y が x の関数のとき，$\qquad \dfrac{dz}{dx} = \dfrac{dz}{dy}\dfrac{dy}{dx}$

u が z の関数，z が y の関数，y が x の関数のとき，$\qquad \dfrac{du}{dx} = \dfrac{du}{dz}\dfrac{dz}{dy}\dfrac{dy}{dx}$

y が x の関数，逆に x が y の関数になっているとき，$\qquad \dfrac{dy}{dx}\dfrac{dx}{dy} = 1$

x, y が t の関数で，t が x の関数になっているとき，$\dfrac{dy}{dx} = \dfrac{dy}{dt} \Big/ \dfrac{dx}{dt}$

3. a が実数のとき，

$\quad (x^a)' = ax^{a-1}$

$(e^{ax}) = ae^{ax},\quad (a^x)' = a^x \log a,\quad (\log|x|)' = \dfrac{1}{x}$

$(\sin x)' = \cos x,\quad (\cos x)' = -\sin x,\quad (\tan x)' = \sec^2 x$

$(\cosh x)' = \sinh x,\quad (\sinh x)' = \cosh x$

$\left(\sin^{-1} x\right)' = \dfrac{1}{\sqrt{1 - x^2}}, (\cos^{-1} x)' = -\dfrac{1}{\sqrt{1 - x^2}}, (\tan^{-1} x)' = \dfrac{1}{1 + x^2}$

$e^{ix} = \cos x + i\sin x$ について, $\quad (e^{ix})' = ie^{ix}$

さらに一般に, λ が複素数の定数のとき, $(e^{\lambda x})' = \lambda e^{\lambda x}$

4. $f(x)$ が n 回微分できるとき, $0 < \theta < 1$ として,

$$f(a+h) = f(a) + f'(a)h + \frac{1}{2!}f''(a)h^2 + \cdots + \frac{1}{(n-1)!}f^{(n-1)}(a)h^{n-1} + \frac{1}{n!}f^{(n)}(a+\theta h)h^n$$

（テーラー展開）

$$f(x) = f(0) + f'(0)x + \frac{1}{2!}f''(0)x^2 + \cdots + \frac{1}{(n-1)!}f^{(n-1)}(0)x^{n-1} + \frac{1}{n!}f^{(n)}(\theta x)x^n$$

（マクローリン展開）

微積分の線形性

$(f+g)' = f' + g', (cf)' = cf'$ （c は定数）は微分法の線形性を示している. 積分法についても同様で, そのため, 微積分の計算では積より和の方が扱いやすく, 「分数を部分分数の和に直す」ことや「三角関数の積を和に直す」ことが行われる. 後者で使われる公式としては, 次のようなものがある.

$\sin\alpha\cos\beta = \frac{1}{2}(\sin(\alpha+\beta) + \sin(\alpha-\beta)) \quad \sin^2\alpha = \frac{1}{2}(1 - \cos 2\alpha)$

$\sin^3\alpha = \frac{1}{4}(3\sin\alpha - \sin 3\alpha) \quad \cos\alpha\cos\beta = \frac{1}{2}(\cos(\alpha+\beta) + \cos(\alpha-\beta))$

$\cos^2\alpha = \frac{1}{2}(1 + \cos 2\alpha) \quad \cos^3\alpha = \frac{1}{4}(3\cos\alpha + \cos 3\alpha)$

$\sin\alpha\sin\beta = \frac{1}{2}(\cos(\alpha-\beta) - \cos(\alpha+\beta))$

---

5. $z = f(x, y)$ について, $\dfrac{\partial z}{\partial x}$ を z_x, f_x, また $\dfrac{\partial^2 z}{\partial y \partial x}$ などを z_{xy}, f_{xy} のようにかく. f_{xy}, f_{yx} が連続のとき, $\quad f_{xy} = f_{yz}$

$u = f(y_1, y_2, \cdots, y_k)$ の偏導関数が連続，　$y_i = \varphi_i(x)(i = 1, 2, \cdots, k)$ が微分可能のとき，

$$\frac{du}{dx} = \sum_{i=1}^{k} \frac{\partial u}{\partial y_i} \frac{dy_i}{dx} = \frac{\partial u}{\partial y_1} \frac{dy_1}{dx} + \frac{\partial u}{\partial y_2} \frac{dy_2}{dx} + \cdots\cdots + \frac{\partial u}{\partial y_k} \frac{dy_k}{dx}$$

変数の個数が増えても同様である．（6,7 についても同じ）

6. x, y が u, v の関数のとき，

$$\frac{\partial(x, y)}{\partial(u, v)} = \begin{vmatrix} x_u & x_v \\ y_u & y_v \end{vmatrix} \quad \text{（関数行列式の定義）}$$

これについて，　x, y が u, v の関数，　u, v が p, q の関数のとき

$$\frac{\partial(x, y)}{\partial(p, q)} = \frac{\partial(x, y)}{\partial(u, v)} \frac{\partial(u, v)}{\partial(p, q)}$$

x, y が u, v の関数, 逆に u, v が x, y の関数のとき, $\dfrac{\partial(x, y)}{\partial(u, v)} \dfrac{\partial(u, v)}{\partial(x, y)} = 1$

7. $f(x, y)$ が何回も偏微分できるとき，

$$f(a + h, b + k) = f(a, b) + \left(f_x(a, b)h + f_y(a, b)k\right)$$
$$+ \frac{1}{2}\left(f_{xx}(a, b)h^2 + 2f_{xy}(a, b)hk + f_{yy}(a, b)k^2\right) + \cdots\cdots$$

積　分　法

1. $f = f(x), g = g(x)$ のとき，
$$\int (f + g)dx = \int f dx + \int g dx, \int cf dx = c \int f dx \quad \text{（c は定数）}$$
$$\int f'g dx = fg - \int fg' dx \quad \text{（部分積分法）}$$
$x = g(t)$ のとき，　$\int f(t)dx = \int f(g(t))g'(t)dt \quad \text{（置換積分法）}$
$\int f(x)dx = F(x)$ のとき，　$\int f(ax)dx = \dfrac{1}{a}F(ax) \quad (a \neq 0)$

134

2. $\displaystyle\int x^a dx = \frac{x^{a+1}}{a+1}(a \neq -1), \int \frac{dx}{x} = \log|x|$ （以下積分定数は省略）

$a \neq 0$ のとき, $\displaystyle\int e^{ax}dx = \frac{1}{a}e^{ax}, \int \frac{dx}{a^2+x^2} = \frac{1}{a}\tan^{-1}\frac{x}{a}$

$$\int \sin ax\, dx = -\frac{1}{a}\cos ax, \quad \int \cos ax\, dx = \frac{1}{a}\sin ax$$

$$\int \tan x\, dx = -\log|\cos x|, \quad \int \cot x\, dx = \log|\sin x|$$

$$\int \mathrm{cosec}\, x\, dx = \log\left|\tan\frac{x}{2}\right|, \quad \int \sec x\, dx = \log\left|\tan\left(\frac{x}{2}+\frac{\pi}{4}\right)\right|$$

$$\int \frac{dx}{\sqrt{a^2-x^2}} = \sin^{-1}\frac{x}{a}, \quad \int \sqrt{a^2-x^2}\, dx = \frac{1}{2}\left(x\sqrt{a^2-x^2}+a^2\sin^{-1}\frac{x}{a}\right) \quad (a>0)$$

$$\int \frac{dx}{\sqrt{x^2+a}} = \log\left|x+\sqrt{x^2+a}\right|, \quad \int \sqrt{x^2+a}\, dx = \frac{1}{2}\left(x\sqrt{x^2+a}+a\log\left|x+\sqrt{x^2+a}\right|\right)$$

$a^2+b^2 \neq 0$ のとき, $\displaystyle\int e^{ax}\cos bx\, dx = \frac{e^{ax}}{a^2+b^2}(a\cos bx + b\sin bx)$

$$\int e^{ax}\sin bx\, dx = \frac{e^{ax}}{a^2+b^2}(a\sin bx - b\cos bx)$$

$\displaystyle I_n = \int \frac{dx}{(x^2+d^2)^n}(a \neq 0)$ のとき, $\displaystyle I_n = \frac{1}{a^2}\left(\frac{1}{2n-2}\frac{x}{(x^2+a^2)^{n-1}}+\frac{2n-3}{2n-2}I_{n-1}\right)$

3. n が自然数のとき, $\displaystyle\int_0^\infty e^{-x}x^n dx = n!$

$a > 0$ のとき,

$$\int_0^\infty e^{-ax}\cos bx\, dx = \frac{a}{a^2+b^2}, \quad \int_0^\infty e^{-ax}\sin bx\, dx = \frac{b}{a^2+b^2}$$

一般に,

$$\int_0^\pi f(\sin x)dx = 2\int_0^{\frac{\pi}{2}} f(\sin x)dx, \quad \int_0^{\frac{\pi}{2}} f(\sin x)dx = \int_0^{\frac{\pi}{2}} f(\cos x)dx$$

n が自然数のとき,

$$\int_0^{\frac{\pi}{2}} \sin^{2n} x\,dx = \int_0^{\frac{\pi}{2}} \cos^{2n} x\,dx = \frac{2n-1}{2n} \cdot \frac{2n-3}{2n-2} \cdot \frac{2n-5}{2n-4} \cdots \frac{1}{2} \cdot \frac{\pi}{2}$$

$$\int_0^{\frac{\pi}{2}} \sin^{2n+1} x\,dx = \int_0^{\frac{\pi}{2}} \cos^{2n+1} x\,dx = \frac{2n}{2n-1} \cdot \frac{2n-2}{2n-1} \cdot \frac{2n-4}{2n-3} \cdots \frac{2}{3}$$

$$\int_0^{\infty} e^{-x^2}\,dx = \frac{\sqrt{\pi}}{2}, \int_{-\infty}^{\infty} \frac{1}{\sqrt{2\pi}\sigma} \exp\left(\frac{-(x-m)^2}{2\sigma^2}\right)dx = 1 \begin{pmatrix} \sigma > 0 \\ 確率積分 \end{pmatrix}$$

4. $x = \varphi(u,v), y = (u,v)$ による写像 $(u,v) \to (x,y)$ によって, 領域 K が領域 D の上へ 1 対 1 に移され, かつ, $J = \dfrac{\partial(x,y)}{\partial(u,v)} > 0$ のとき,

$$\iint_D f(x,y)dxdy = \iint_K f(\varphi,\phi)J\,dudv$$

とくに, 直角座標 (x,y) から極座標への変換では, $dxdy = rdrd\theta$
3 次元以上でも同様の公式が成り立つ.
とくに, 直角座標 (x,y,z) から極座標 (r,θ,φ) への変換では

$$dxdydz = r^2 \sin\theta drd\theta d\varphi$$

5. 2 つの曲線 $y = f(x), y = g(x)(f(x) \geqq g(x))$ と $x = a, x = b(a < b)$ で囲まれた部分の面積は,

$$S = \int_a^b (f(x) - g(x))dx$$

曲線の弧 $y = f(x)(a \leqq x \leqq b)$ の長さは, $L = \displaystyle\int_a^b \sqrt{1 + f'(x)^2}dx$
これを x 軸のまわりに 1 回転してできる曲面積は $S = \displaystyle\int_a^b 2\pi f(x)\sqrt{1 + f'(x)^2}dx$

6. t を媒介変数とする曲線 $x = x(t), y = y(t)(a \leqq t \leqq b)$ の弧の長さは,

$$L = \int_a^b \sqrt{\left(\frac{dx}{dt}\right)^2 + \left(\frac{dy}{dt}\right)^2} \, dt$$

この曲線が領域 D の周を正の向きに 1 周するときは, D の面積は

$$S = \frac{1}{2} \int_a^b (x \, dy - y \, dx)$$

7. 2 つの曲面 $z = f(x,y), z = g(x,y)(f(x,y) \geqq g(x,y))$ の間にあって, xy 平面上の領域 D の上にある部分の体積は,

$$V = \iint_D (f(x,y) - g(x,y)) \, dx \, dy$$

曲面 $z = f(x,y)$ で, xy 平面上の領域 D の上方にある部分の面積は,

$$S = \iint_D \sqrt{1 + \left(\frac{\partial z}{\partial x}\right)^2 + \left(\frac{\partial z}{\partial y}\right)^2} \, dx \, dy$$

無 限 級 数

1. $\displaystyle\sum_{n=1}^{\infty} a_n$ を $\displaystyle\sum a_n$ と略記する. $A = \sum a_n, B = \sum b_n$ のとき
$\sum (a_n + b_n) = A + B$, $\sum c a_n = cA$

2. $\sum a_n$ が収束するとき, $\sum |a_n|$ も収束 (絶対収束)
$A = \sum a_n, B = \sum b_n$ が収束のとき, $c_n = \displaystyle\sum_{i=1}^{n} a_i b_{n+1-i}$ とおくと
$\sum c_n = AB$

3. 正項級数 $\sum a_n = A$ において, $r = \displaystyle\lim_{n \to \infty} \frac{a_{n+1}}{a_n}$, または
$r = \displaystyle\lim_{n \to \infty} (a_n)^{\frac{1}{n}}$ とすると, $r < 1$ ならば収束, $r > 1$ ならば発散

$\dfrac{a_{n+1}}{a_n} = 1 - \dfrac{p}{n} + O\left(\dfrac{1}{n^2}\right)$ のとき, $p > 1$ ならば収束, $p \leqq 1$ ならば発散

4. $a_1 \geqq a_2 \geqq a_3 \geqq \cdots \geqq 0,\quad \lim\limits_{n \to \infty} a_n = 0$ のとき, $\sum (-1)^{n-1} a_n$ は収束

5. $f(x) = \sum\limits_{n=0}^{\infty} a_n x^n$ の収束半径を r すると, $r = \lim\limits_{n \to \infty} \left| \dfrac{a_n}{a_{n+1}} \right|, r = \lim\limits_{n \to \infty} |a_n| - \dfrac{1}{n}$

収束半径より内部では, $\dfrac{d}{dx} f(x) = \sum\limits_{n=1}^{\infty} n a_n x^{n-1},\quad \displaystyle\int_0^t f(x)dx = \sum\limits_{n=0}^{\infty} \dfrac{a_n}{n+1} t^{n+1}$

6. $e^x = \sum\limits_{n=0}^{\infty} \dfrac{x^n}{n!} = 1 + x + \dfrac{x^2}{2!} + \dfrac{x^3}{3!} + \cdots\cdots \quad (r = \infty)$

$\sin x = \sum\limits_{n=1}^{\infty} (-1)^{n-1} \dfrac{x^{2n-1}}{(2n-1)!} = x - \dfrac{x^3}{3!} + \dfrac{x^5}{5!} - \cdots\cdots \quad (r = \infty)$

$\cos x = \sum\limits_{n=0}^{\infty} (-1)^n \dfrac{x^{2n}}{(2n)!} = 1 - \dfrac{x^2}{2!} + \dfrac{x^4}{4!} - \cdots\cdots \quad (r = \infty)$

$\log(1+x) = \sum\limits_{n=1}^{\infty} (-1)^{n-1} \dfrac{x^n}{n} = x - \dfrac{x^2}{2} + \dfrac{x^5}{3} - \cdots\cdots \quad (r = 1, -1 < x \leqq 1)$

$\tan^{-1} x = \sum\limits_{n=1}^{\infty} (-1)^{n-1} \dfrac{x^{2n-1}}{2n-1} = x - \dfrac{x^3}{3} + \dfrac{x^5}{3} - \cdots\cdots \quad (r = 1, -1 \leqq x \leqq 1)$

$(1+x)^a = 1 + \sum\limits_{n=1}^{\infty} \dfrac{a(a-1)(a-2)\cdots(a-n+1)}{n!} x^n \quad (r = 1)$

とくに,

$\sqrt{1+x} = 1 + \dfrac{1}{2} x + \sum\limits_{n=2}^{\infty} (-1)^{n-1} \dfrac{1 \cdot 3 \cdots (2n-3)}{2^n n!} x^n, \quad \dfrac{1}{\sqrt{1+x}} = \sum\limits_{n=0}^{\infty} (-1)^n \dfrac{(2n)!}{(2^n n!)^2} x^n$

7. $f(x)$ が周期 2π, 区分的に C^1 級の関数で, 不連続点では

138

$f(x) = \dfrac{1}{2}(f(x+0) + f(x-0))$ とするとき,

$$f(x) = \dfrac{a_0}{2} + \sum_{n=1}^{\infty} (a_n \cos nx + b_n \sin nx) \quad （フーリエ級数）$$

ここで, $a_n = \dfrac{1}{\pi} \displaystyle\int_0^{2\pi} f(x) \cos nx dx, \quad b_n = \dfrac{1}{\pi} \int_0^{2\pi} f(x) \sin nx dx$

微分方程式

1. $\dfrac{dy}{dx} = ky$ の解は $y = Ae^{kx}$

2. $\dfrac{d^2y}{dx^2} + a\dfrac{dy}{dx} + by = 0$ の解は，λ の 2 次方程式 $\lambda^2 + a\lambda + b = 0$ の根を考えて,

2 根 λ_1, λ_2 が異なる 2 実根のとき　　$y = Ae^{\lambda_1 x} + Be^{\lambda_2 x}$

根が 2 重根 λ のとき　　　　　　　$y = e^{\lambda x}(A + Bx)$

根が虚根 $\lambda = p \pm iq$ のとき　　　$y = e^{px}(A \cos qx + B \sin qx)$

著者紹介：

住友 洸（すみとも・たけし）

北海道大学理学部数学科卒

理学博士

現数 Select No.3 偏微分の考え方

2023 年 12 月 21 日 初版第 1 刷発行

著 者   住友 洸

編 者   森 毅

発行者   富田 淳

発行所   株式会社 現代数学社
    〒 606−8425 京都市左京区鹿ヶ谷西寺ノ前町 1
    TEL 075 (751) 0727 FAX 075 (744) 0906
    https://www.gensu.co.jp/

装 幀   中西真一（株式会社 CANVAS）

印刷・製本   亜細亜印刷株式会社

ISBN 978−4−7687−0624−4
2023 Printed in Japan